地质勘查安全生产标准化丛书

湖北省安全生产科技专项资金资助

地质勘查单位生产安全事故应急预案选编

赵云胜　周兴和　曾　旺　陈占明　主编

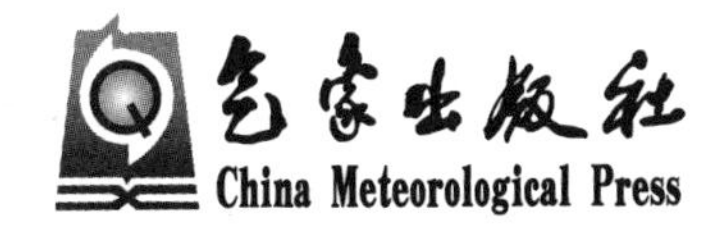

内容简介

本书是《地质勘查安全生产标准化丛书》的一个分册，针对野外地质勘查、地质钻探作业、坑（槽）探作业、地质实验测试等，精选生产安全事故综合应急预案、生产安全事故专项应急预案，以及生产安全事故现场处置方案，如低温冰雪天气冻伤现场、中暑现场、淹溺事故现场等。最后附录生产经营单位生产安全事故应急预案编制导则等相关内容。

本书可供地质勘查单位相关人员使用，也可供地质类相关专业人员参考。

图书在版编目（CIP）数据

地质勘查单位生产安全事故应急预案选编 / 赵云胜等主编. — 北京：气象出版社，2017.12

（地质勘查安全生产标准化丛书）

ISBN 978-7-5029-6702-4

Ⅰ.①地… Ⅱ.①赵… Ⅲ.①地质勘探-安全生产-突发事件-应急对策 Ⅳ.①P624.8

中国版本图书馆 CIP 数据核字(2017)第 310177 号

地质勘查单位生产安全事故应急预案选编

赵云胜　周兴和　曾　旺　陈占明　主编

出版发行：气象出版社

地　　址：北京市海淀区中关村南大街 46 号　　邮政编码：100081

电　　话：010-68407112(总编室)　010-68408042(发行部)

网　　址：http://www.qxcbs.com　　E-mail：qxcbs@cma.gov.cn

责任编辑：彭淑凡　张盼娟　　终　　审：张　斌

责任校对：王丽梅　　责任技编：赵相宁

封面设计：楠竹文化

印　　刷：三河市百盛印装有限公司

开　　本：787 mm×1092 mm　1/16　　印　　张：10

字　　数：243 千字

版　　次：2017 年 12 月第 1 版　　印　　次：2017 年 12 月第 1 次印刷

定　　价：40.00 元

编委会

前　言

在湖北省安全生产监督管理局的支持下，湖北省地质局和中国冶金地质总局中南局在我国率先开展了地质勘查单位安全生产标准化建设，有力地促进了全局的安全生产工作。随后，福建、青海、广西等省（区）地质勘查单位的安全生产标准化建设也取得了显著成效。为了总结地勘单位安全生产标准化建设经验，促进全国地勘单位之间的交流，我们策划出版了本丛书。

本丛书包括五个分册：《地质勘查安全生产常用法规与标准汇编》、《地质勘查安全生产管理制度与操作规程选编》、《地质勘查生产安全事故应急预案选编》、《地质勘查单位安全生产标准化规范与实施》、《地质勘查生产安全事故案例选编》。

本丛书是集体智慧的结晶，赵云胜教授、周兴和高工、曾旺高工、陈占明高工负责丛书的整体策划，对丛书的框架与内容作了详细设计；研究生赵婧璇、李欢、郭颖、李丹阳、罗聪、黄莹、史小棒参加了丛书的编写工作。湖北、青海两省地勘单位的安全干部为丛书的出版作出了不可或缺的贡献。实际上，本丛书总结的主要是湖北、青海两省地勘单位安全生产标准化建设的成果。

地球科学探索是人类永恒的主题，地质勘查与地勘安全在其中扮演了重要角色。愿本丛书的出版为地质勘查安全生产作出微薄的贡献，愿地质勘查工作者人人平安！

赵云胜

2017 年 12 月

目　录

第一章　地质勘查单位生产安全事故综合应急预案

1　总则

1.1　编制目的

为认真贯彻落实《中华人民共和国安全生产法》和有关法律法规，针对地质勘查单位生产经营与生活中可能发生的生产安全事故，加强地质勘查单位对生产安全事故的预防与控制，减轻和消除生产安全事故引起的危害和损失，规范生产安全事故的预防和应对工作。建立统一指挥、职责分明、运转有序、反应迅速、处置有力的应急处理体系，及时有效地处理发生的各类生产安全事故，最大限度地减少人员伤亡和财物损失，达到应急工作的规范化、制度化和程序化管理，保障地质勘查单位经济建设的健康发展，特制定本预案。

1.2　编制依据

(1)《中华人民共和国安全生产法》(中华人民共和国主席令第 13 号)

(2)《中华人民共和国突发事件应对法》(中华人民共和国主席令第 69 号)

(3)《生产安全事故应急预案管理办法》(安监总局令第 88 号)

(4)《生产安全事故报告和调查处理条例》(国务院令第 493 号)

(5)《金属与非金属矿产资源地质勘探安全生产监督管理暂行规定》(安监总局令第 35 号)

(6)《生产经营单位生产安全事故应急预案编制导则》(GB/T 29639—2013)

(7)《湖北省(生产安全事故应急预案管理办法)实施细则》(鄂安办〔2012〕41 号)

(8)《地质勘探安全规程》(AQ 2004—2005)

(9)《国务院关于进一步加强企业安全生产工作的通知》(国发〔2010〕23 号)

1.3　适用范围

本预案适用于地质勘查单位从事地质勘探及其延伸业，发生地质勘探生产安全事故的应急救援工作。主要包括有害生物伤害、雷电、风灾、洪涝、山体滑坡、泥石流、突发性传染病、实验测试、食物中毒、车辆伤害、触电、高处坠落、物体打击、机械伤害等事故。

(1)事故(主要是指各类生产安全事故)

包括火灾事故、交通安全事故、工程施工安全事故、化学危险品安全事故、设备安全安全事故、职业中毒事故等。

(2)事件

①突发公共安全事件:包括突然发生造成社会影响的群体性事件,影响社会治安的案件以及其他危害社会正常秩序、破坏社会稳定的突发性公共安全事件。

②突发公共卫生事件:包括突然发生造成或者可能造成社会公众健康严重损害的传染病疫情、群体性不明原因疾病、群体性食物中毒以及其他严重影响公众健康的突发事件。

(3)灾害

包括职工聚居区或主要生产场所发生的地震、洪水、地质灾害等灾害事故以及造成人员伤亡或财产损失的强风、强降水、雷暴、暴雪等灾害性天气。

1.4　应急预案体系

根据地勘行业的特点,结合实际情况,应急预案体系主要包括综合应急预案、专项应急预案、现场应急处置方案,如图1-1所示。

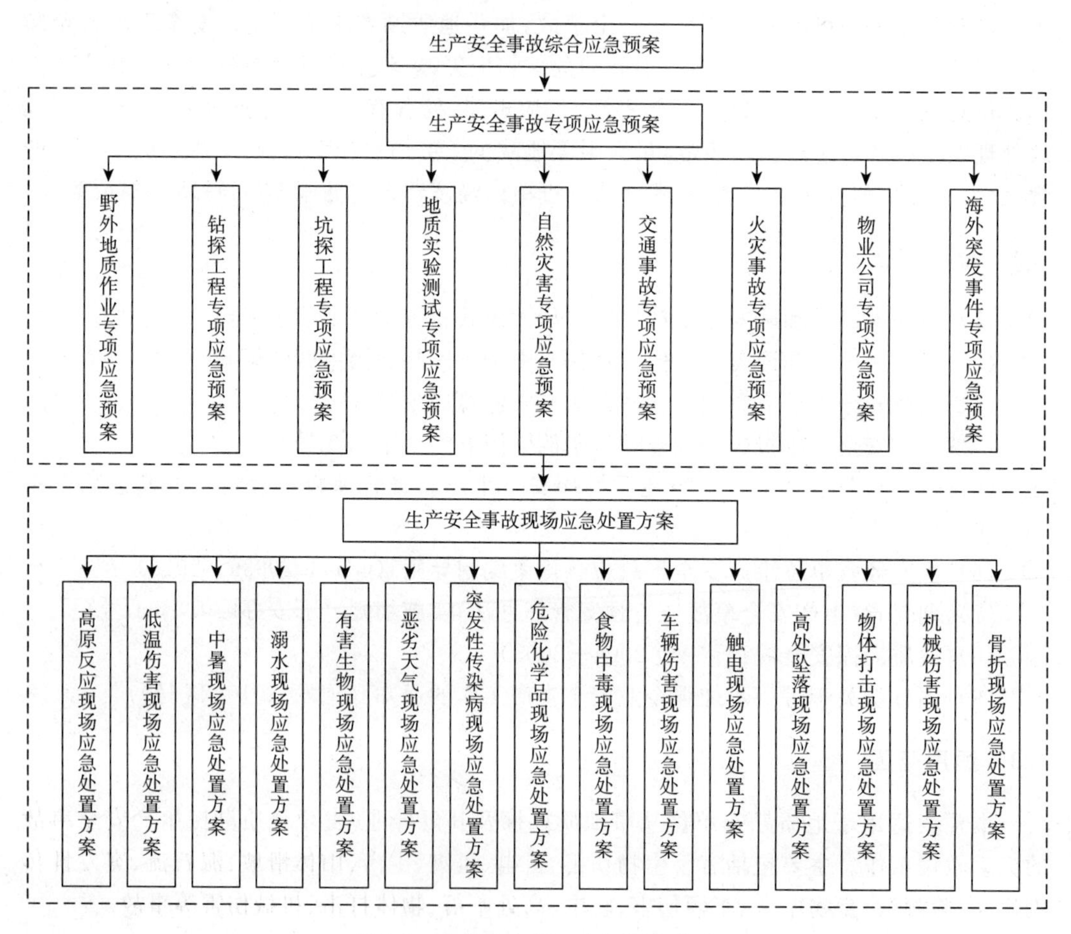

图1-1　生产安全事故应急预案体系

(1)生产安全事故综合应急预案

生产安全事故综合应急预案是地质勘查单位应急预案体系的总纲,是应对生产安全事故的综合性文件,为专项应急预案和现场应急处置方案提供指导原则和总体思路。

生产安全事故综合应急预案是从总体上阐述事故的应急方针、政策,应急组织结构及相关应急职责,应急行动、措施和保障等基本要求和程序,由地质勘查单位应急预案编制小组负责制定、经安委会组织自评、组织有关专家进行评审,并报当地安监局备案后,再由法人签发,下发到各单位实施。

(2)生产安全事故专项应急预案

专项应急预案是针对具体的事故类别、危险源和应急保障而制定的方案,是综合应急预案的组成部分,按照综合应急预案的程序和要求组织编制,并作为综合应急预案的附件。由地质勘查单位应急预案编制小组负责制定、经安委会组织自评、组织有关专家进行评审,并报当地安监局备案后,再由法人签发,下发到各单位实施。

(3)生产安全事故现场应急处置方案

现场应急处置方案是针对具体的危险因素、岗位特点所制定的应急处置措施。由地质勘查单位应急预案编制小组负责制定、经安委会组织自评、组织有关专家进行评审,并报当地安监局备案后,再由法人签发,下发到各单位实施。

1.5　应急工作原则

(1)以人为本、安全第一。

消除事故危害的应急工作原则包括:把事故消灭在萌芽状态、迅速组织受伤人员的救治,迅速组织现场人员疏散,迅速组织受困人员的营救,迅速消除或控制重要危险源等;把保障职工群众生命财产安全作为应急处理的首要任务,最大限度地预防与减少生产安全事故造成的人员伤亡和财产损失。

(2)统一管理、分级负责。

按照“精简、统一、高效”的要求,建立“两级管理、三级网络”的应急处理工作体系。

①分工明确,统一安排各级领导在应急处理安全事故中的职责和协调工作。

②明确各应急救援部门在安全事故处理中的各自职责和应尽的指导义务。

③各单位在突发事件的防范、应急救援和善后处理中必须完成的各项工作。

(3)稳定现场、控制事态。

把保持职工队伍的稳定作为应急处理的基本要求,控制事态发展、沉着应对,妥善处置,在最短时间内恢复正常的生产、生活秩序。

(4)应急准备充分的应急工作原则:事前做好应急组织、资源准备。

(5)立足于自救、及时获得社会救援的应急工作原则。

2 事故风险描述

2.1 单位概况

略。

2.2 事故风险分析

由于人为因素、设备因素、环境因素、自然灾害等不安全因素的客观影响，以及从业人员对生产施工过程中存在的危险认识不足，加之地质勘查工程的作业场所大多处于流动和分散的野外，同时涉及非煤矿山等危险性较大的行业。

(1)经常在人烟稀少、原始森林及海拔 3000 m 以上无人居住的工作区作业，野外环境复杂，工作人员经常遭遇自然灾害与动物的侵害，主要威胁有：寒冷、酷热、缺氧、缺水、饥饿、疾病、外伤、中毒、野兽袭击和毒虫伤害，以及山洪、暴风、滚石、雷雨、泥石流、流沙、雪崩等自然灾害造成人员伤亡和财产损失。

(2)在悬崖陡壁、滑坡、崩陷、雪山和较深较宽及流速较大的河流等地区进行野外作业，容易造成坠落、淹溺、掩埋等事故。

(3)作业现场的温度、湿度、采光、照明、生活条件很差；个别作业场所存在有毒有害气体、粉尘、放射性物质会对作业人员产生伤害。

(4)土石方工程、坑探施工要进行凿岩和地下或露天爆破作业可能造成物体打击、坍塌、中毒窒息、掩埋等事故。

(5)在低洼处作业，易遭遇如山洪、泥石流、雪崩等自然灾害。

(6)井巷施工有可能发生冒顶、片帮、地表塌陷、透水等事故。

(7)非煤矿山的巷道中有可能存在有毒气体，作业可能发生中毒、窒息等。

(8)在林区、草原、沙漠、沼泽、河流等地区作业，极易发生火灾、失踪、缺水、淹溺等危害。

(9)赴疫区(含国外)作业，易被传染与传播登革热、疟疾、黄热病等。

(10)其他危害(触电伤害、机械伤害、职业病危害、道路交通伤害、食物中毒等)。

3 应急组织机构及职责

3.1 应急组织体系

地质勘查单位生产安全事故应急预案的应急组织机构分为一、二级编制，地勘单位设置应急预案实施的一级应急组织机构，二级单位或工程项目经理部设置应急实施的二级应急组织机构。

应急组织体系的建设应坚持统筹规划、资源共享、预防与救援结合、分级负责的基本原则。

地质勘查单位应急救援体系由应急指挥中心、应急指挥中心办公室、现场应急救援组及相关保障小组组成。图 1-2 为地质勘查单位应急组织体系。

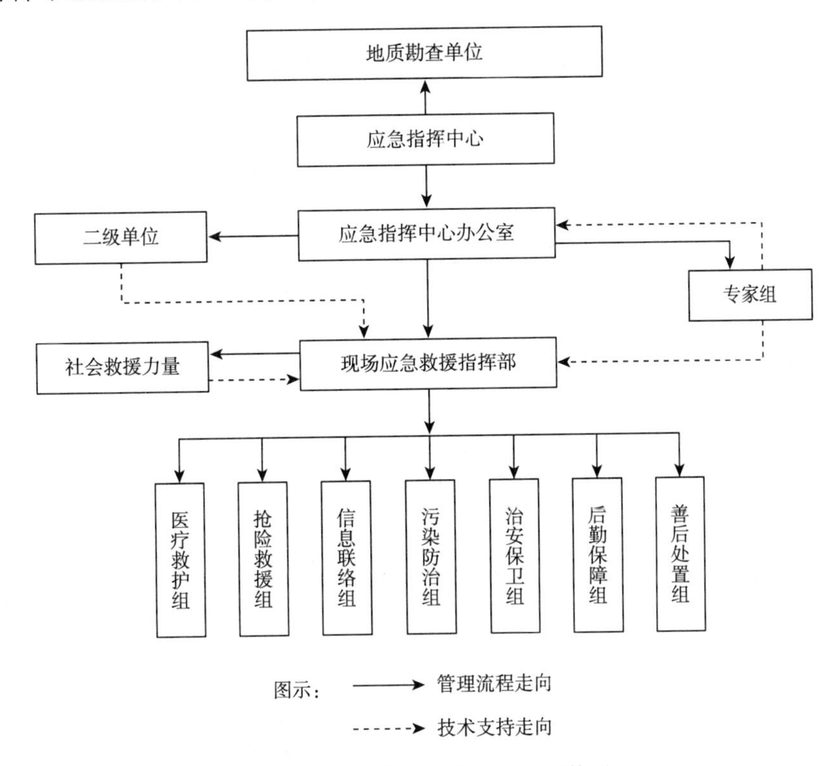

图 1-2　地质勘查单位应急组织体系

3.2　应急组织机构的职责

3.2.1　应急组织机构人员的构成

应急组织机构在应急总指挥、应急副总指挥的领导下，各职能科室、二级单位、项目部人员分别兼职构成。

(1)应急总指挥；

(2)应急副总指挥；

(3)现场抢救组组长：二级单位安全生产第一责任人；

(4)危险源风险评估组组长；

(5)技术处理组组长；

(6)善后工作组组长；

(7)后勤供应组组长；

(8)事故调查组组长；

(9)事故现场副指挥：二级单位负责人；

(10)现场伤员营救组：项目负责人担任组长，各作业班组分别抽调人员组成；

(11)物资抢救组：各作业班组抽调人员组成；

(12)消防灭火组：施工现场或项目组电工，各作业班组抽调人员组成；

(13)后勤供应组:施工现场各作业班组抽调人员组成。

3.2.2 一级应急组织机构的职能及职责

(1)应急总指挥职责

①分析紧急状态,确定相应报警级别。根据危险类型、潜在后果、紧急状态、现有资源、控制情况等,确定应急级别;

②指挥、协调应急反应行动;

③与上级、政府、应急反应人员、部门、组织和机构进行联络;

④直接监察应急操作人员行动;

⑤最大限度地保证现场人员、外援人员及相关人员的安全;

⑥协调后勤,支援应急反应组织;

⑦应急反应组织的启动;

⑧应急评估、确定升高或降低应急警报级别;

⑨通报外部机构,决定请求外部援助;

⑩决定应急撤离,决定事故现场外影响区域的安全性。

(2)应急副总指挥职责

①协助应急总指挥组织,指挥应急操作任务;

②向应急总指挥提出采取减缓事故后果行动的应急反应对策和建议;

③保持与事故现场各组长的直接联络;

④协调、组织和获取应急所需的其他资源,设备以支援现场的应急操作;

⑤组织总部的相关技术和管理人员对施工场区生产过程各危险源进行风险评估;

⑥定期检查各常设应急反应组织和部门的日常工作和应急反应准备状态;

⑦根据各施工场区、项目组的实际条件,努力与周边有条件企业在事故应急处理中共享资源、相互帮助、建立共同应急救援网络和制定应急救援协议。

(3)安全生产科职责

①会同有关单位负责组织事故现场的抢救和应急处置工作。

②负责各单位事故应急管理的监督、检查。

③负责及时、如实地组织向上级的事故报告工作,会同事故发生单位与当地安全监督管理局的联系。

④负责设备事故的应急救援。

⑤负责组织二级单位系统设备力量进行事故抢险工作。

⑥牵头负责事故调查组的工作,落实整改措施。

⑦组织有关专家对生产安全事故后的安全、环境进行影响评估。

⑧组织二级单位生产安全事故综合应急预案及各专项应急预案的编写、审核、修订、备案工作。

⑨负责组织发生事故所在单位人员参加事故现场的抢救及应急处置工作。

⑩负责对事故现场周围的警戒和本单位区域的道路进行交通管制,控制无关人员进入现场,确保抢险救灾车辆通行。

及时做好非安全区域周围居民及有关人员的紧急疏散撤离工作。配合医疗救护部门抢救运送伤员。

(4)办公室职责

①负责与各成员单位的联系；

②负责协调二级单位外有关单位的联络；

③确保事故应急处置所需车辆、通讯、办公等后勤服务的保障工作；

④负责指挥中心处理事故方案、决定的记录的汇总、传递、发布工作。

(5)财务科职责

①负责确保事故抢险和事故处理所需的资金。

②负责设备事故的应急救援。

③负责组织二级单位系统设备力量进行事故抢险工作。

④参加设备事故和与人身安全有关的设备事故的调查处理工作。

(6)人教科职责

①牵头负责组织受灾人员的安置工作。

②组织落实救灾队伍，配合做好事故善后的处理工作。

③负责组织应急预案和应急队伍的培训。

④及时上报并办理事故伤亡人员工伤保险事宜。

(7)总工办职责

①拟定二级单位境外人员和机构安全保护工作政策，会审应急指挥中心办公室提出的涉外事件应急预案；

②协调处理各类境外涉及人员和机构安全保护的重大突发事件；

③收集、整理、分析、研判各种境外安全检查形势及事态发展走向，适时通报有关部门，提出预警意见，并决定是否发出预警。

(8)工会、党办、监察室等部室职责

①负责安抚受伤人员，做好群众的宣传、稳定工作。

②负责与新闻媒体沟通，正确引导公众舆论等。

③工会、纪检部门参加事故的调查处理工作。

④审计部门参与事故损失评估工作。

(9)法律事务部职责

提供应急救援及善后处理的相关法律支持。

(10)事故发生单位职责

①服从地质勘查单位应急指挥中心的统一指挥，负责本单位事故应急救援工作，及时汇报可能造成生产安全事故的信息。

②负责组织本单位救灾人员及物资、设备、水、电、通讯等保障。

③负责本单位受伤人员的救治工作。

④保证本单位应急救援组织或应急救援人员，在一旦发生事故后，按照应急预案要求和职责迅速、有效投入抢救工作，采取有效措施，防止事故扩大，并及时按规定向大队应急救援总指挥报告事故情况。

⑤配合当地安全生产监督部门及社会应急救援力量进行事故救援。保护好事故现

场，绘制事故现场平面图，标明重点部位，向外界救援机构提供准确的抢险救援信息资料。

⑥积极配合参加内部事故调查。

⑦配备必要的应急救援器材、设备并进行经常性的维护、保养。

⑧负责组织编写、修订、实施并定期演练本单位事故应急救援预案，建立应急救援组织、指定应急救援人员。

(11)现场应急救援小组职责

①负责按应急指挥中心的指令实施应急救援，针对事态发展提出现场应急抢险调整方案。

②根据事故性质、发生地点、涉及范围、人员分布、救灾人力和物力，落实现场安全措施，防止二次事故发生。

③随时同事故指挥中心人员保持联系，接受救援命令。

④接受当地政府应急救援的统一指挥，负责如实汇报现场救援情况。

⑤收集现场信息，核实现场情况。

⑥提供现场应急工作情况报告。

(12)专家组职责

①参与事故救援方案的研究。

②研究分析事故信息、事故情况的演变和救援技术措施。

③为应急救援决策提出建议并提供技术支撑。

④提出防范事故措施建议。

⑤为恢复生产提供技术支持。

(13)现场抢救组职责

①抢救现场伤员；

②抢救现场物资；

③组建现场消防队；

④保证现场救援通道的畅通。

(14)危险源风险评估组职责

①对各施工现场及项目组特点以及生产安全过程的危险源进行科学的风险评估；

②指导生产安全部门安全措施落实和监控工作，减少和避免危险源的事故发生；

③完善危险源的风险评估资料信息，为应急反应的评估提供科学的、合理的、准确的依据；

④落实周边协议应急反应共享资源及应急反应最快捷有效的社会公共资源的报警联络方式，为应急反应提供及时的应急反应支援措施；

⑤确定各种可能发生事故的应急反应现场指挥中心位置以使应急反应及时启用；

⑥科学合理地制定应急反应物资器材、人力计划。

(15)技术处理组职责

①根据各项目经理部及项目组的施工生产内容及特点，制订其可能出现而必须运用建筑工程技术解决的应急反应方案，整理归档，为事故现场提供有效的工程技术服务做好技术储备；

②应急预案启动后，根据事故现场的特点，及时向应急总指挥提供科学的工程技术方案和技术支持，有效地指导应急反应行动中的工程技术工作。

(16)善后工作组职责

①做好伤亡人员及家属的稳定工作，确保事故发生后伤亡人员及家属思想能够稳定，大灾之后不发生大乱；

②做好受伤人员医疗救护的跟踪工作，协调处理医疗救护单位的相关矛盾；

③与保险部门一起做好伤亡人员及财产损失的理赔工作；

④慰问有关伤员及家属。

(17)事故调查组职责

①保护事故现场；

②对现场的有关实物资料进行取样封存；

③调查了解事故发生的主要原因及相关人员的责任；

④按“四不放过”的原则对相关人员进行处罚、教育、总结。

(18)后勤供应组职责

①协助制订施工项目或项目组应急反应物资资源的储备计划，按已制订的项目施工生产现场的应急反应物资储备计划，检查、监督、落实应急反应物资的储备数量，收集和建立并归档；

②定期检查、监督、落实应急反应物资资源管理人员的到位和变更情况，及时调整应急反应物资资源的更新和达标；

③定期收集和整理各项目经理部施工场区的应急反应物资资源信息，建立档案并归档，为应急反应行动的启动，做好物资资源数据储备；

④应急预案启动后，按应急总指挥的部署，有效地组织应急反应物资资源到施工现场，并及时对事故现场进行增援，同时提供后勤服务。

3.2.3　二级应急组织机构各部门的职能及职责(图 1-3)

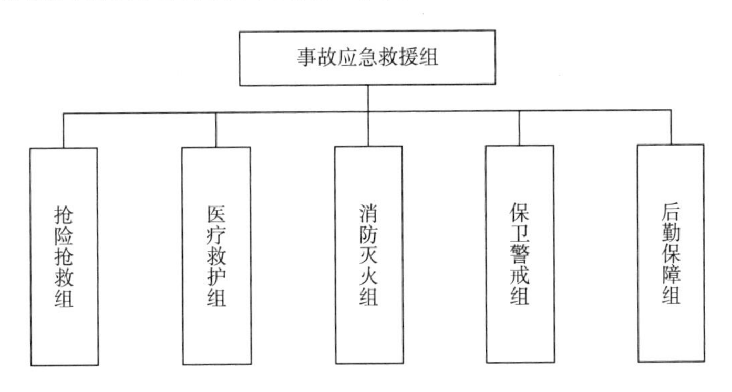

图 1-3　二级应急组织机构框架图

(1)事故现场应急救援组长职责

①按应急指挥中心指令开展救援，并随时保持与指挥中心的联系；

②负责应急救援现场行动与参与人员的协调，

③确保现场人员和公众应急反应行动的执行；

④进行事故现场预评估，控制紧急情况，消除事故隐患；

⑤做好与消防、医疗、交通管制、抢险救灾等公共救援部门的联系与配合。

(2)抢险抢救组职责

①第一时间抢救现场伤员，减轻事故造成的人员伤亡；

②对现场危险源进行控制，防止二次事故发生；

③抢救现场重要物资、设备；

④控制现场，禁止无关人员进入，保证现场救援通道的畅通；

⑤及时向现场应急救援组报告救援情况。

(3)医疗救护组职责

①现场进行受伤人员的紧急救护；

②当地方医疗急救人员到达时，介绍有关情况，协助转移受伤人员。

(4)消防灭火组职责

①到达现场，消除事故可能带来的火灾隐患；

②进行火灾初期的消防灭火自救工作，设立消防隔离区，防止火灾蔓延，当公安消防部门到达时，协助进行消防灭火工作。

(5)保卫警戒组职责

①对事故现场进行有封锁、隔离，禁止非救援人员进入；疏散有可能受事故影响的周边人员；

②实行交通管制，保障现场应急救援通道畅通。

(6)后勤保障组职责

①迅速调配抢险物资、器材至事故发生点；

②提供、检查抢险人员的装备和安全防护；

③及时提供后续的抢险物资；

④组织后勤必须供给的物品，并及时输送后勤物品到抢险人员手中。

4 预警及信息报告

4.1 危险源管理

4.1.1 危险源清单登记(表 1-1)

针对地质勘查单位在各类生产经营活动中可能产生的安全事故，力争做到早防范、早发现、早报告、早处理。从管理上入手，对生产中易发生生产安全事故的危险源进行调查、登记，采取防范措施，做好事故预防。

4.1.2 危险源监控

(1)各二级单位安全人员负责危险源的识别、登记、汇总、检查、巡视，提出防范措施，并及时解决。

(2)地质勘查单位和各二级单位生产责任人、管理人员、安全生产科 24 小时值班，手机 24 小时处于在线状态。

表 1-1　危险源登记表

序号	危险名称	易发生部位	防范措施
1	传染病	动物、毒蛇、昆虫叮咬	防动物、毒蛇、昆虫叮咬，带齐应急药品
2	雷击	雷电	避开山脊或者开阔地、峭壁和高树
3	职业病	疫源地、血吸虫疫区	做好防护，定期体检；应当接种疫苗
4	中毒	食堂	严把食堂食物关，变质、发霉的食物严禁进入食堂。食堂工人必须有健康合格证。加强员工的预防教育
5	高温、低温	中暑、冻伤	防暑、防冻措施到位
6	意外伤害	村民野外私设电网、兽夹	了解工作区域村民狩猎通电时间和分布情况
7	灼伤、烧伤	化学品	加强实验基本操作技能和安全知识教育，强化个人防护
8	触电	设备漏电，漏电保护、接零接地失效	严格按照《施工现场临时用电安全技术规范》(JGJ 46—1988)的规定进行操作维护。经常现场安全巡查，失灵的漏电保护器立即更换
9	高处坠落	陡坡、悬崖	注意观察作业环境，高处作业佩戴安全带
10	淹溺	坑洞、沟槽、江河湖泊	注意观察，做好防护；严禁私自外出游泳
11	火灾	宿舍	安全防火教育培训，张贴安全防火宣传图画，严格落实动火作业制度。配齐消防器材，如干粉灭火器、灭火栓(带、枪等)
12	高处坠落	钻塔	现场设立安全标志，危险地区必须悬挂危险标志牌，夜间设置警示灯。钻机操作员、信号员、维修工等必须严格按照操作规范操作
13	物体打击	钻机	认真学习和落实安全操作规程，严格落实安全技术交底制度。特殊作业人员持证上岗。维修、操作有专人监护
14	机械伤害	钢筋加工、吊车提升、混凝土输送泵	加强设备维护、保养；严格要求各工种持证上岗；认真学习和落实安全操作规程。加强员工的教育培训和宣传
15	触电	办公(生活)电器	非电工严禁动电，严格遵守用电操作规程

4.1.3　预警条件

地质勘查单位应急指挥部门若获取预警信息，根据预测结果，应采取预警行动：

(1)符合本预案启动条件时，立即发出启动本预案的指令。

(2)指令相关单位启动本单位应急预案，并通知二级单位职能部门进入预警状态。

(3)指令相关单位采取防范措施，并连续跟踪事态发展。

4.1.4　预警方式

地质勘查单位应急指挥中心办公室根据预测结果接到较大及以上生产安全事故预警后，要立即启动二级单位生产安全事故应急救援预案，并应进行以下预警：

(1)指令相关单位启动二级单位级应急预案，并通知二级单位职能部门进入预警状态。

(2)指令相关单位采取防范措施，并连续跟踪事态发展。

4.1.5　预警的方法

各单位应急救援机构接到生产安全事故的信息后，要立即按照既定方案采取应对行动，有效遏制事故，防止事故蔓延和扩大。当本单位应急救援资源无法满足救援需要或事故有可能涉及外单位人员和设施安全或认为需要支援时，应请求应急升级，启动上级应急预案，请求上级或所在地政府应急救援指挥机构协调。

4.1.6 预警信息的发布程序

(1)由二级单位应急指挥中心根据生产安全事故的不同情况发出预警通知，对于不同级别的生产安全事故采取不同的信息发布程序。

(2)建立完善的应急通信网络，预警信息可以通过电话或内部网络系统以及向媒体提供新闻稿等形式发布。

4.2 信息报告

4.2.1 信息接收与通报

(1)应急指挥办公室 24 小时值班，相关电话与接报邮箱(略)。

(2)事故发生后，第一发现人立即向二级单位负责人报告，并尽可能阻止事故的蔓延扩大。

(3)项目负责人(二级单位负责人)用最快速度报告单位或应急救援小组成员到现场。单位负责人接到事故报告后，及时启动应急预案，并迅速做出响应，进入应急状态，组织抢救，防止事故扩大，减少人员伤亡和财产损失，救援组依据职责分工履行各自所应承担的职责。

4.2.2 信息上报

根据《中华人民共和国安全生产法》《生产安全事故报告和调查处理条例》规定，单位负责人立即如实报告当地负有安全生产监督管理职责的部门，1 小时内报告事故发生地县(市)安监局。

4.2.3 书面报告事故的内容

(1)事故发生单位概况(名称、地址、性质、基本情况)。

(2)事故发生的时间、地点以及事故现场情况。

(3)事故的简要经过(包括应急救援情况)。

(4)事故已经造成或者可能造成的伤亡人数(包括下落不明、涉险人数)和初步估计的直接经济损失。

(5)已采取的应急措施。

(6)其他应当报告的情况。

4.2.4 电话快报应包括下列内容

(1)事故发生单位概况(名称、地址、性质、基本情况)。

(2)事故发生的时间、地点。

(3)事故已经造成或者可能造成的伤亡人数(包括下落不明、涉险人数)。

事故具体情况暂时不清楚的，负责事故报告可事先报事故概况，随后补报事故全面情况。

4.2.5 信息传递

事故发生后，地质勘查单位应急指挥中心办公室接到生产安全事故报告后，立即向地勘单位应急指挥中心报告、请示并即刻传达指令，通过电话、传真或派遣专人的方式，按照指令迅速通知其他职能部门和由于所发生的事故而影响到的其他单位和部门，然后逐级传递信息，最终传达到国家机构。

5　应急响应

5.1　响应分级

针对生产安全事故的影响范围、危害程度和现场对事态的控制能力，将事故应急响应分为三个等级：

(1)一级响应——地质勘查单位级应急预案响应

具备下列条件的，启动一级响应：

①可能造成1人以上死亡(含失踪)或重伤(中毒)或危及3人以上生命安全或直接经济损失超过5万元的生产安全事故。

②超出二级单位应急处置能力的生产安全事故或接到地方政府的相应应急联动要求时。

③地质勘查单位认为有必要响应的生产安全事故时。

(2)二级响应——二级单位应急预案响应

具备下列条件的，启动二级响应：

①可能造成人员受伤或危及3人以下的生命安全或直接经济损失在5万元以内的生产安全事故。

②地质勘查单位应急指挥中心或当地政府要求时。

(3)三级响应——项目组应急预案响应

具备下列条件的，启动三级响应：发生事故，但未造成人员伤亡。

5.2　响应程序

一般，响应程序包括：接警—警情判断响应级别—应急启动(应急人员、应急资源)—救援—事态控制—恢复(图1-4)。

5.2.1　初期响应(接警—警情判断响应级别)

(1)事故或紧急情况发生时，第一发现人立即向项目负责人、二级单位负责人报告。

(2)单位负责人接到报告后，立即赶赴现场，成立应急救援现场应急处置方案小组，在初步了解事故情况1小时内，向大队应急救援指挥中心报告。

(3)地质勘查单位应急救援指挥中心根据现场情况和有关规定向省地质局和当地政府、安全管理部门报告。

5.2.2　应急救援响应(应急启动—救援—事态控制)

(1)单位负责人到达事故现场后，在充分了解事故现状后，确定应急响应级别，做出相应的事故应急救援响应决定。

(2)当事故在可控范围内、不会对周边产生影响、单位有能力进行救援时，现场及时启动二级响应，成立应急救援现场应急处置方案领导小组，按应急预案开展救援。

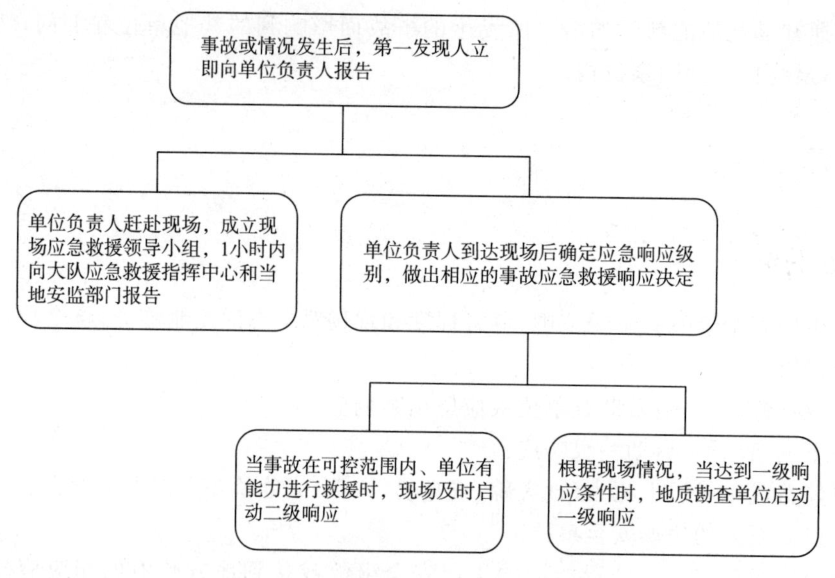

图 1-4 生产安全事故应急救援响应程序

(3)根据应急救援现场应急处置方案小组情况汇报，预测可能发生 1 人以上重伤等具备一级应急预案响应条件时，地质勘查单位应急指挥中心宣布启动一级响应，并立即上报政府有关部门，请求社会支援。

5.2.3 应急指挥

事故应急救援指挥主要由地质勘查单位应急指挥中心及应急指挥中心办公室和现场应急小组担任，按照级别，各组织机构做好相应的指挥、部署工作。所有成员全部到岗，服从指挥，迅速开展救援行动。其他部门到达各自的工作岗位，提供人员、物资、技术和其他支援工作。

一旦出现紧急情况，各单位安全生产第一责任人必须在第一时间赶赴现场。在现场要果断处置，控制住现场情况，立即组织力量抢险，及时转移群众，避免人员伤亡。

5.2.4 应急行动

发生生产安全事故后采取应急行动的主要原则是以人为本，将事故的危害程度降到最低，保证现场工作人员与抢险救灾人员的安全。地质勘查单位应急指挥中心根据事故现场情况，制定有效的应急救援方案，现场参与应急救援的人员按各自职责实施应急救援行动。

5.2.5 资源调配

在应急指挥和应急行动过程中，地质勘查单位应急指挥中心要充分利用和合理调配各种通信与信息资源、应急队伍资源、应急物资装备资源、交通资源、医疗等保障措施。

5.2.6 应急避险

在事故发生后，对于现场的所有人员必须落实应急响应时自身和他人的安全避险措施，防止次生事故或其他人身伤害事故发生。

5.2.7 扩大应急

现场应急救援组根据生产安全事故现场的具体情况，或根据各应急救援队伍、应急物资装备等是否满足应急行动的需要，及时向地质勘查单位应急指挥中心请示扩大应急；应急指挥中心及时向地质勘查单位和当地政府发出请求支援的请示，并协助当地政府应急救援机构实施救援行动。

5.3　处置措施

事故发生后，为尽快控制和减缓事故造成的危害和影响，应依据应急预案的相关要求，采取应急行动和有效措施，控制事态发展或者消除事故的危害，最大限度地减少事故造成的损失，保护群众的生命和财产安全。

5.3.1　处置原则

(1)以人为本，保障安全；

(2)早期预警，有备无患；

(3)第一响应，快速处置；

(4)统一指挥，协调一致；

(5)属地为主，资源共享；

(6)控制局面，防止危机。

5.3.2　应急处置具体要求

(1)防止发生次生事故

在应急处置时，必须以动态发展和普遍联系的眼光来看待事故的发生，事故的危害具有很强的连带性和扩散性。为避免在处置事故的过程中发生次生事故，在具体处置的过程中，现场应急处置指挥者要加强各相关部门之间的协调，防止次生事故发生。

(2)保障救援人员安全

树立以人为本的意识，提倡珍惜生命、科学救援。在处置工作中，应急处置指挥者应注意救援队员的劳逸结合，不能使个别队员过分透支体力，并有针对性地分配不同的救援任务。同时，要为应急救援队员配备必要的防护装备和通信工具，保护应急救援队员，其中包括对应急救援队员及时地进行必要的心理干预。

(3)确保现场统一指挥

在应急处置过程中，事故现场应急处置方案小组组长必须具有现场指挥处置的全部权力。避免出现事故后，各级、各部门领导纷纷赶赴现场，靠前指挥，发布指示，导致现场秩序混乱、令出多门，使现场指挥人员无所适从。尤其避免出现现场人员忙于接待各级领导，给现场应急处置方案带来的诸多不便和麻烦。事故应急处置是一项技术含量很高的具体工作，高层领导只需对具体的应急处置工作给予方针、原则方面的指示，而不应干预现场应急处置方案工作。在事故处置中，各相关部门之间的应急协调是很难解决的问题，高层领导干部应重点加以协调。

应急处置要发挥安全专家和技术专家的作用，以增强决策的科学性。应急处置指挥者在广泛听取各方面意见的基础上，要发挥自身的智慧和创造精神，果断做出决策。

(4)实现应急联动

①部门联动。应急处置必须加强部门联动，防止出现各自为战，不利于对事故进行综合应对处置。特别是在处置有关基础设施的事故中，水、电、气等部门因管网之间的相邻

关系，应彼此配合。

②条块联动。在处置事故时强调“条块结合，以块为主”，对事故进行综合性的应对。在应急处置过程中，要主动联系属地政府、相邻单位等，密切双方的合作关系，实现条块联动。

5.3.3 应急处置措施

生产安全事故发生后，必须在第一时间组织各方面力量，依法及时采取有力措施控制事态发展，有效开展应急处置，避免其事态进一步扩大，努力减轻和消除其对人民生命财产造成的损害。主要应急处置措施有：

(1)救助性措施。应急处置必须坚持以人为本的原则，将群众的生命安全放在首位。在事故已经发生或即将发生时，应急管理部门必须有效地组织人员对伤者进行救治，对受到或可能受到事故影响的群众进行安全疏散，并予以妥善安置。在应急处置过程中要先避险、后抢险，先救人、后救物。

(2)控制性措施。事故发生后，应急管理部门应当迅速对危险源、危险区域和所划定的警戒区逐层实施有效的静态控制，同时进行交通管制以实施有效的动态控制，为应急处置活动创造相对有利的外部环境，使事故的扩散和升级得到有效遏制，使应急救援队伍、装备和物资能够顺利地到达事发现场，防止危险继续蔓延而造成更为严重的后果。

(3)保障性措施。事故发生后，基础设施管理部门应当及时修复被损毁的公共设施，如道路、供排水、供电、通信等。在应急处置过程中，对基础设施应当格外重视，基础设施的修复可以稳定群众情绪，并有效保障应急救援队伍、装备和物资的运输。在处置过程中，应急管理部门要采取特殊的管理措施，确保食品、饮用水、燃料等基本生活必需品的供应，使群众有水喝、有饭吃、有地方住，患病可及时得到医治，实现大灾之后无大疫，防止事故发生区域社会矛盾激化。

(4)预防性措施。在应急处置过程中，应急管理部门要着力减轻已造成的损害结果，排查有关设备、设施及活动场所潜在的风险，并采取有效的预防性措施，防止群众遭受新的损失。应急管理部门还要注意防止各种次生、衍生事故的发生。

(5)动员性措施。应急处置要有强有力的人力、物力和财力保障，应急管理部门应启用本单位的经费预备和应急物资储备。必要时，可开展应急动员，紧急求援政府及其他企业所储备的物资、设备、设施、工具。同时，应急处置结束后，应给予被支援单位以经济和物资赔偿。此外，应发动群众特别是有特定技术专长的群众义务参与事故的处置工作。

(6)稳定性措施。事故发生后，部分物资供应可能出现短暂性的紧缺，造成群众生活困难，可能有人会利用事故造成的混乱局面进行违法犯罪活动，会造成不必要的社会混乱，干扰应急处置工作的开展。应急指挥机构应协调国家执法机关，采取有效的稳定性措施，严厉打击违法犯罪活动，为事故的应急处置创造一个良好的外部环境。

5.4 应急结束

(1)当生产事故得到控制，危险源、危害因素得以清除，伤亡人员得到有效救护，事故隐患得以排查、清理后，才能停止应急救援工作。

(2)由现场应急救援领导小组组长宣布应急救援工作结束。

(3)形成事故应急救援工作总结报告。

6　信息公开

6.1　信息发布的部门

对外信息的发布由应急指挥中心办公室负责。政府部门有相关规定的，按其规定执行。

6.2　应急信息发布的原则

在新闻发布过程中，要遵守国家法律法规，实事求是、客观公正、及时准确的原则。

6.3　应急信息发布的形式

应急指挥中心办公室负责人根据审定的新闻发布材料，组织新闻发布会或接受报纸、电视台、电台的记者采访，向媒体提供新闻稿件等。

7　后期处置

7.1　事故调查

(1)事故调查组配合当地政府开展生产安全事故调查工作，分析原因、汲取教训，按“四不放过”的原则对相关人员进行处罚、教育、总结。

(2)安全生产科、办公室对现场应急进行总结，将值班记录进行汇总、归档，编写生产安全事故应急总结报告。

7.2　生产恢复

(1)安全生产科、总工办、办公室组织人员对损坏的设备、安全设施进行评估，更换不符合安全生产要求的设备、设施。

(2)各生产施工单位要对机械设备、生产施工通道、工艺流程等进行全面检查和修复，在确认各种危险源已经消除，制定安全措施，防止事故再次发生，各方面安全生产条件具备后，制定生产恢复计划和方案，尽快恢复生产。

7.3　善后处置

生产安全事故处理结束后，事故发生单位应做好如下工作：

7.3.1　污染物处理

救灾结束以后，要及时做好事故现场的恢复工作，进行现场清理、人员清点和撤离、警戒解除、善后处理、控制污染及保护环境等，使现场保持安全状态，恢复秩序，防止新的危险源产生。

7.3.2 事故后果影响

应急结束后，要针对事故周围环境和社会公众造成的影响，分析总结，采取控制措施，如派遣专职人员对因事故受到影响的公众进行安抚工作。

7.3.3 物资补偿

对抢险救灾过程中临时紧急调用其他单位或个人的物资、设备、占用场地和救援费用等，事故后做好及时归还或经济补偿工作。

7.3.4 善后赔偿

按照国家、地质勘查单位有关规定做好伤亡者家属的接待安抚工作，及时办理伤亡者待遇；做好灾后重建和人员安置、补偿工作，尽快消除事故影响；妥善安置和慰问受害人员及受到影响人员，保证生产秩序稳定和正常。

7.4 预案评估与修订

对应急工作及时进行总结，总结经验、查找不足，完善预案。

8 应急保障措施

8.1 通信与信息保障

由地质勘查单位办公室和安全生产科、二级单位办公室和生产办公室、各项目部、项目组建立有线、无线电话和网络相结合的基础应急通信系统，保障声音、文字、图像等信息的有效传输，确保事故现场与单位责任人通信联络畅通。

地质勘查单位办公室电话：____________________

安全生产科电话：____________________

8.2 应急队伍保障

应根据应急工作需要组建相应专业或兼职应急救援队伍，对应急救援人员配备相应的应急救援设备和个体防护设备，定期进行相关培训和演练，不断提升应急救援能力，并根据需要与地方专业应急救援队伍签订救援协议，应急指挥中心办公室负责检查并掌握相关应急救援的建设情况。

8.3 应急物资保障

应急救援物资由地质勘查单位安全生产科统一管理、建账核查（表 1-2），各二级单位负责采购、保管、维护。

表 1-2　应急救援物资明细表

序号	名称	单位	数量	备注
1	急救箱	只	2	三角绷带、碘伏棉棒、创可贴、消毒液、真空吸取器等
2	应急箱	只	2	口哨、防毒面罩、消防帽等
3	救援绳	捆	5	每捆 50 m
4	太平斧	把	6	
5	担架	副	2	
6	绝缘服	套	2	针对触电事故救援
7	绝缘手套	套	5	
8	绝缘鞋	套	5	
9	警示带	米	300	反光
10	应急手电	把	10	强光
11	灭火器	具	20	干粉灭火器
12	消防水袋	卷	5	
13	安全帽	顶		应急人员每人一顶,留有备用
14	盾牌	个		应急人员每人一个
15	铁锹	把	10	
16	安全带	根	6	
17	帐篷	顶		视情况决定

8.4　应急经费保障

(1)地质勘查单位应急指挥中心办公室应急救援所需经费,包括应急工作的日常费用、抢险救援装备、设施配备所需经费,地质勘查单位和二级单位的事故应急救援队伍教育培训、演练所需经费,由地质勘查单位和二级单位司财务列入年度预算。

(2)各专业应急救援队伍应急救援所需装备、设施、器材配备所需经费,由地质勘查单位和各二级单位共同解决,具体办法由指挥中心办公室制定。

(3)应急经费保障应建立专项应急科目,以保障应急管理和应急运行中各项活动的开支。

(4)发生生产安全事故造成财产和人员直接损失的赔偿由事故发生单位负责。应急救援中支援单位所耗费的费用,由事故单位负责补偿。

8.5　交通与医疗保障

交通运输保障:各单位车辆均列入抢险救援保障用车名单,由应急总指挥统一调度,进入事故现场后由现场应急救援领导小组统一指挥。

医疗保障:单位与医院、项目部(组)与当地医疗机构通过签订医疗救助协议,确保医疗救助资源。

(1)地质勘查单位的各级应急管理机构负责本单位应急人员和应急技术专家的管理,各级应急救援指挥机构要加强专家咨询和技术支持的保障工作,满足事故应急的需要。

(2)地质勘查单位各级应急救援指挥机构负责制定各类事故应急的技术与装备配备

基本标准，结合各自应急救援工作的特点和技术先进性，要逐步采购一些先进的安全检测、监测仪器设备并配备必要的应急救援技术装备，建立健全生产安全事故应急技术平台。

(3)通过产业发展政策引导、技术示范等措施，淘汰落后的生产能力，采用安全性能可靠的技术装备和生产工艺，整合优势资源，推动安全科技创新，促进企业的安全技术升级，建立特大和危险性较大的生产施工项目的质量报告制度和预警应急救援机制，提高应对突发事故的能力。

(4)应急救援工作应以所有工程项目的安全技术措施方案、专门设计文件、施工现场临时用电组织设计方案和配电系统图、施工平面图和危险源检测、评估、监控措施方案等以及各专业安全规程、标准作为技术支持。

9 应急预案管理

9.1 应急预案培训

应急预案和应急计划确立后，按计划组织地质勘查单位总部、二级单位全体人员应急知识培训，使全体职工了解并掌握应急预案的总体要求，具备完成其应急任务所需的知识和技能。

培训要求包括：

(1)一级响应应急培训：每年一次；

(2)二级响应应急培训：各二级单位半年一次，每一项目开工前一次；

(3)新加入的人员及时培训。

主要培训内容包括：

(1)灭火器的使用以及灭火步骤的训练；

(2)施工安全防护，作业区内安全警示设置，个人的防护措施和施工用电常识，在建工程的交通安全，大型机械的安全使用；

(3)对危险源的突显特性辨识；

(4)事故报警；

(5)紧急情况下人员的安全疏散；

(6)现场抢救的基本知识和急救常识。

9.2 应急预案演练

9.2.1 演练策划

由地质勘查单位应急指挥中心办公室起草《生产安全事故应急救援演练方案》，做好演练方案的策划，提交应急指挥中心审批后实施。

9.2.2 演练方案的策划目标

(1)测试应急预案和实施程序的有效性。

(2)成立应急演练的策划小组(或领导小组)。

(3)检测应急装备。

(4)确保应急救援人员能熟练地履行抢救职责和任务,每个员工能在发生重大事故时会采取正确的自救措施。

(5)策划小组要制定演练方案,选择与应急演练的需求和资源条件相适应的演练方法。

(6)划分好演练的范围和频次。

(7)做好演练的记录,对演练效果做出评价,提出意见及建议,进行整改。

应急预案和应急计划确立后,经过有效的培训后,地质勘查单位组织综合应急预案演练和专项应急预案演练,二级单位组织专项应急预案演练和现场应急处置方案演练。

综合应急预案演练和专项应急预案演练每年演练一次。现场应急处置方案演练在项目开工后演练一次,根据工程工期长短不定期举行演练,施工作业人员变动较大时增加演练次数。

每次演练结束,由安全生产科或二级单位组织参演人员对演练过程进行评估,及时作出总结报告,对存有一定差距的,在日后的工作中加以提高。

9.2.3　总结报告内容

(1)通信联络、通知、报告程序演练。

(2)人员集中清点、装备及物资器材到位演练。

(3)固定监测网络中各点中间的配合,快速出动实施机动监测,食物饮用水的样品收集与分析,危害趋势分析等。

(4)对事故发生区边界确认行动,对危害区进行危害程度侦察。

(5)防护行动演练。

(6)医疗救护行动演练。

9.2.4　演练总结

应急指挥中心办公室组织演练的具体实施工作,对演练过程、效果、经验、存在问题、改进措施进行总结,形成书面材料后上报应急指挥中心。

演练总结的内容包括:参加演练的单位、部门、人员和演练的地点;起止时间;演练项目和内容;演练过程中的环境条件;演练动用设备、物资;演练效果;持续改进的建议;演练过程记录的文字、音像资料等。

9.2.5　奖励与惩处

地质勘查单位对突出贡献的集体和个人给予表彰和奖励。对不认真履行职责,造成严重损失的,应依照有关规定给予责任人行政处分;违反法律的,依法追究法律责任。

9.3　应急预案备案

地质勘查单位生产安全事故综合应急预案向单位所在地当地安监局备案,报送省地质局工程地质处。

9.4　制定与修订

制定:地质勘查单位生产安全事故综合应急预案由大队应急预案编制小组制定。

修订:综合应急预案应当每两年修订一次,修订内容应有记录归档。

有下列情况之一的,应急预案应及时修订:

(1)单位合并、重组、转制等导致隶属关系、经营方式、法定代表人发生变化的;

(2)应急组织指挥体系人员调整的;

(3)单位施工工艺发生变化、存在新的危险源和危害因素的;

(4)依据的法律、法规、标准发生变化;

(5)应急管理部门要求修订的;

(6)应急演练评估要求修订的。

预案修订后及时向当地安监部门报告修订情况,并按要求报备、重新备案。

9.5 名词术语定义

(1)地质勘探,是指对一定的岩石、地层、构造、矿产地下水、地质灾害、地貌等地质情况进行勘察、调查研究的活动。

(2)地质灾害,是指自然或人为环境中对从业人员生命、财产和活动等社会功能的严重破坏,引起从业人员生命、物资或环境损失,这些损失超出了影响社会靠自身资源进行抵御的能力。

(3)野外作业失踪,是指在非城镇地区户外进行的地质勘探活动,因各种原因导致失踪的事故。

(4)自然灾害,是指在地质勘探活动中因地震、水灾、雪、雹、雷击、暴雨、山体滑坡、泥石流等灾害造成的人员伤亡财产损失的事故。

(5)食物中毒,是指在地质勘探活动中,由于食用变质(不合格)食品、有毒菌类等造成食物中毒的事故。

9.6 实施

本预案制定、评审、发布后正式实施,并报当地安监部门备案。

附件1　应急救援指挥中心成员名单

序号	姓名	部门处室	职务	指挥中心担任职务	办公电话	住宅电话	手机号码
1							
2							
3							
4							
5							
6							
7							
8							
9							
10							
11							
12							
13							
14							
15							
16							
17							
18							
19							
20							

附录2 应急救援技术专家组成员名单

序号	姓名	所在单位	职务	技术职称	专家组职务	办公电话	手机号码
1							
2							
3							
4							
5							
6							
7							
8							
9							
10							
11							
12							
13							
14							
15							
16							
17							
18							
19							
20							

附件3　事故报告内容一览表

报告内容	事故类型		
	生产事故	自然灾害	公共事件
1 事故描述			
1.1 事故类型及事故发生单位概况			
1.2 事故发生时间、地点及现场情况			
1.3 事故简要经过			
1.4 事故原因初步分析			
1.5 事故影响范围			
1.6 装置设施损坏情况			
1.7 周边建筑损毁情况			
1.8 财产损失情况			
1.9 人员伤亡及个人信息列表			
1.10 救援救治措施及防范措施情况			
1.11 应急物资储备情况			
1.12 应急人员及器材到位情况			
1.13 援助请求			
2 气象环境条件描述			
2.1 天气状况（阴、晴、雨、雪等）			
2.2 风向、风速			
2.3 江河水流方向、流速			
2.4 地形地貌			
3 周边社会环境描述			
3.1 所在地区概述			
3.2 地理位置、周边装置设施概述			
3.3 周边居民设施损毁情况			
3.4 周边居民人员分布及疏散情况			
3.5 周边道路分布及道路管制情况			

附件4 应急处置工作流程示意图

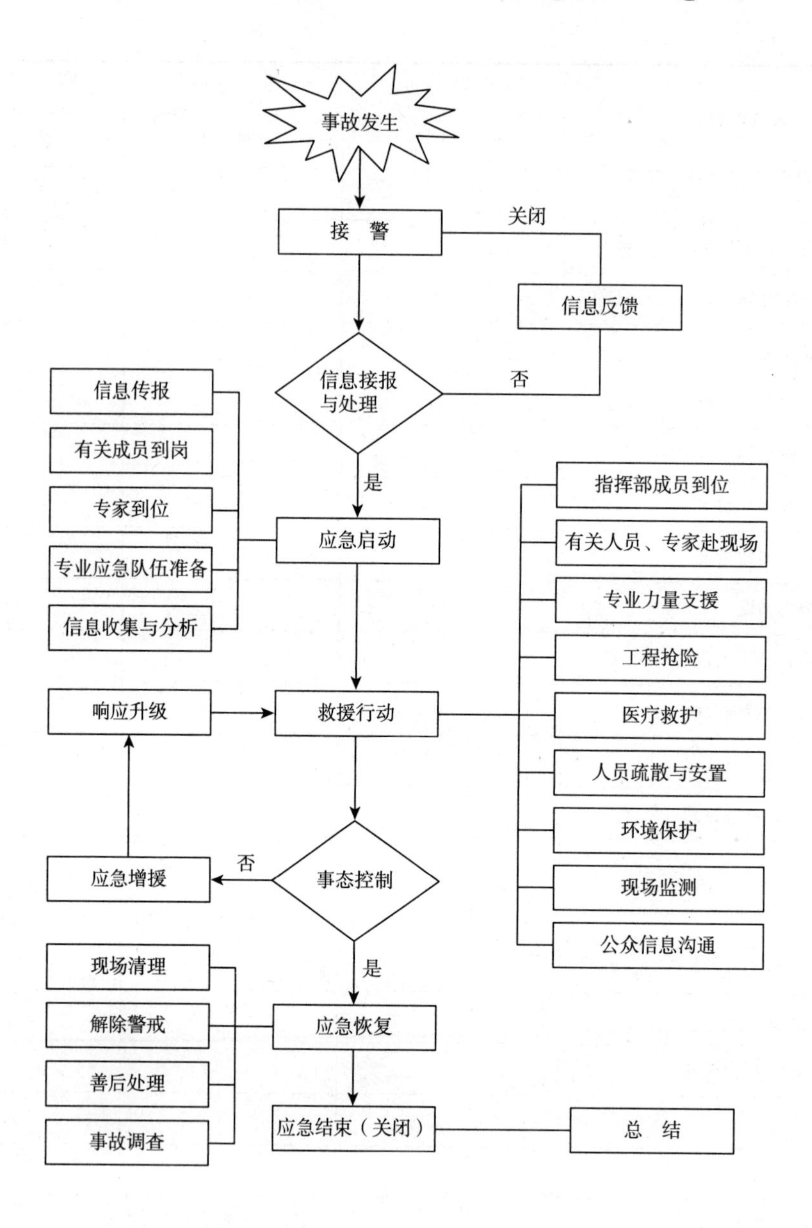

附件5 常用应急物资装备名录

序号	种类	名称	数量	性能	规格	用途	用法	存放位置	责任人	联系方式	
										电话	手机
1	特种防护品										
2	一般防护品										
3	医疗器材及抢救工具										
4	照明器材										
5	通信联络设备										
6	交通工具										
7	电力设备										
8	监测设备										
9	消防设备										
10	生活保障物资										
11	其他										

附件6 专(兼)职应急队伍情况(略)

附件7 应急救援指挥中心地址(略)

附件8 编制修订说明(略)

第二章　地质勘查单位生产安全事故专项应急预案

一、野外地质勘查生产安全事故专项应急预案

1　事故风险分析

由于人为因素、设备因素、环境因素、管理缺陷、自然灾害等不安全因素的客观存在，以及从业人员生产施工过程中存在对危险因素的认识不足，容易发生和受到一些事故灾害的威胁，尤其是道路交通、触电、井下中毒、淹溺、毒虫叮咬、夏季中暑、森林草原火灾及数据泄密等事故的发生，造成人员和财产损失。

由于经营范围涉及勘察、物探、测绘、桩基检测、地下管线探测、地球物理勘查等显著危险的行业，野外工作环境艰苦、艰险，人员长期处于高度流动和分散状态，有些工作环境人烟稀少，地理条件、气象条件等复杂多变，自然环境十分恶劣，人的不安全行为以及违章作业时常发生，不仅危害作业人员的生命安全和身体健康，而且影响生产任务的完成。同时，生产安全事故的发生往往具有突发性、紧迫性、危害程度大、扩散迅速的特点，致使救援工作难度加大。

结合单位实际，在全系统范围内通过开展危险因素辨识、评价及分析，共辨识出 8 条危险因素，归纳主要危险因素如下：

(1)作业环境复杂，作业区域包括城市、乡村、山区、林区、水域等，个别区域人员稀少，作业人员极易遭遇人为伤害、自然灾害与动物的侵害。威胁人的生存因素主要有：交通、寒冷、酷热、缺氧、脱水、饥饿、疾病、外伤、触电、雷电击、井下中毒和蚊虫伤害以及遭遇地震、水灾、沙尘暴、暴风、雷雨、滑坡、泥石流、雪崩、火灾、台风、海啸等自然灾害。

(2)在地质灾害易发区、雪山和较深、宽及流速较大的河流等区域作业，易发生掩埋及淹溺等伤害。

(3)作业现场的温度、湿度、采光、照明条件较差。

(4)工程物探(查找溶洞、采空区、破碎带、断层等)，井中(巷道)物探、隧道监测物探中地球物理勘查施工中可能遇到有毒气体，火灾后产生的有毒烟气等；管线探测作业有可能发生缺氧窒息和中毒窒息(如二氧化碳、硫化氢和氰化物等有毒气体窒息)等。导致中毒、窒息事故的发生。

(5)赴疫区(含国外)作业，易被传染与传播登革热、疟疾、黄热病等。

(6)施工过程中发生的触电、井下中毒、车辆伤害、机械伤害等危害。

(7)项目部租赁房屋,易引起燃气容器(管道)爆炸、火灾、触电等伤害。

(8)其他危害。

2　组织机构及职责

2.1　组织机构体系

野外地质勘查单位(以某地质勘查院为例)专项应急救援组织体系包括野外地质勘查事故应急指挥部,下设指挥部办公室、抢险救援组、后勤保障组、事故调查组等抢险救援机构(图 2-1)。

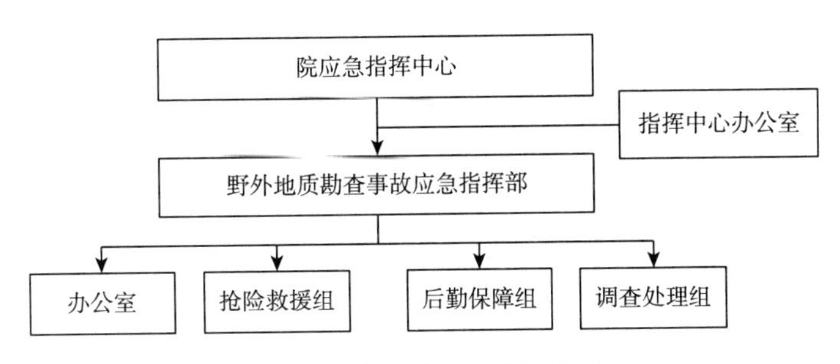

图 2-1　应急救援组织体系图

2.1.1　应急指挥部

在野外地质作业事故发生后,院应急指挥中心暂未做出应急反应前,事故应急指挥部总指挥长暂由事发单位项目负责人代理,负责事故的前期应急反应。

院应急指挥中心做出反应后,依据国家安全生产法律法规,结合事故实际,正式成立野外勘查事故应急救援部,一般任命名单如下:

(1)总指挥:院分管安全副院长;

(2)副总指挥:事发二级单位负责人、院安全管理办公室主任;

(3)成员:院部分职能部门负责人、事发单位副职、总工程师、项目负责人、项目技术负责人、专(兼)安全管理人员等。

(4)野外地质作业事故应急指挥部成员名单及联系方式(略)。

2.1.2　办公室

应急指挥部下设办公室,负责指挥部日常事务处理,收集、报告安全生产信息,督促、落实指挥部的应急事项,建立和管理安全生产事故档案,组织、参与有关事故调查。办公室主任一般由事发二级单位分管安全工作的副职兼任。

指挥部办公室人员组成及联系方式(略)。

2.1.3　抢险救援组

应急指挥部下设抢险救援组,负责组织相关力量采取有效措施,减缓、排除险情,控制灾情进一步扩大,同时负责现场所救援工作,搜索失踪人员、救护伤员、救援遇险人员。组长一般由事发二级单位主管生产的副职担任。

抢险救援组的人员及联系方式(略)。

2.1.4 后勤保障组

应急指挥部下设后勤保障组,负责抢险通信、医疗、物资设备、生活后勤、接待、现场保卫及灾民安置等后勤保障工作。组长一般由事发二级单位分管后勤的副职担任。

后勤保障组的人员及联系方式(略)。

2.1.5 调查处理组

应急指挥部下设调查处理组,负责突发事件现场的治安警戒、群众疏导等工作,抢险救援活动完成后,与指挥部办公室一起对事故进行现场调查,完成调查报告上报院应急指挥中心。组长一般由事发二级单位技术负责人担任。

调查处理组的人员及联系方式(略)。

2.2 职责

2.2.1 野外勘查事故应急指挥部职责

(1)按照院应急指挥中心指令,启动和终止应急行动,负责现场应急指挥工作。

(2)收集现场信息,核实现场情况,对事态发展进行评估,根据事态发展制定和调整现场处置方案,并及时向应急指挥中心汇报应急处置情况。

(3)负责整合和调配现场应急资源,实施救援行动,并负责现场新闻发布工作。

(4)组织现场应急工作总结和成效评估。

2.2.2 野外勘查事故应急指挥部办公室职责

(1)指挥部正式成立后,负责指挥部日常事务处理,收集、报告安全生产信息,督促、落实指挥部的应急事项,建立和管理安全生产事故档案,组织、参与有关事故调查。

(2)负责与事发地各级政府及相关方的现场协调与沟通工作。

2.2.3 抢险救援组职责

(1)根据现场信息报告分析,确定事故灾难或突发事件的等级,依据事件等级或规模,组织实施抢险救灾方案。

(2)负责失踪人员搜救,负伤人员现场抢救,现场工程抢险,现场险情监测及处理。

2.2.4 后勤保障组职责

(1)根据应急救援指挥部确定的救援方案,为应急救援提供相应的资金、物资、设备、交通运输及所需人员调配保障。

(2)负责遇难人员家属的通知、接送及安抚等后勤保障工作。

2.2.5 调查处理组职责

(1)积极做好生产事故灾难及突发事件现场的治安警戒、现场秩序维护及群众疏散工作,确保各项应急救援工作正常有序进行。

(2)根据所发生事故及事件的等级和规模,与办公室一起负责安全事故或突发性事件简要报告的起草,经应急救援指挥部审查同意,在规定时间内,向事发地安监部门、企业所在地人民政府、院应急指挥中心及项目投资人报送。

(3)现场调查工作结束后,一周内向应急救援指挥部提交正式报告,经总指挥批准,向上级相关部门报送。

3 处置程序

3.1 信息报告与通知

院管辖范围内发生人身伤亡、财产损失等突发事件后，事故现场人员应立即报告本项目或部门负责人。事故发生项目或部门负责人接到报告后，应立即报告院应急指挥中心办公室、院主要负责人，两小时内向应急指挥中心办公室提交书面报告(传真或电子邮件)。

报告内容主要包括：时间、地点、事件的简要经过、遇险人数、直接经济损失的初步估计、事件性质、影响范围、事件发展趋势和已经采取的措施等。在应急处置过程中，要及时续报有关情况，不得迟报、谎报和瞒报。

事故上报后，又出现新的情况，应及时补报。

应急指挥办公室电话：____________________

3.2 信息的上报与传递

发生突发事件后，应急指挥中心根据应急办公室统计到的事件性质、影响范围、时间发展趋势等情况，据实向地矿局报告，同时在1小时内上报当地人民政府及其相关职能部门。

事故发生后，事故发生单位负责人应按照应急预案和现场处置方案及时采取措施，并根据事件性质、严重程度和自救能力及时请求社会救援力量。

应急值班电话(略)。

政府应急指挥机构和社会救助机构联系方式(略)。

3.3 响应分级

按照突发事件灾难的可能性、严重程度和影响范围，应急响应分为Ⅰ级响应、Ⅱ级响应、Ⅲ级响应。

3.3.1 Ⅰ级应急响应

发生影响、后果相当于院Ⅰ级(重大)突发事件的野外地质勘查事故后，按照规定由应急管理机构统一指挥，院野外勘查事故应急指挥部先期开展应急救援工作，并配合上级应急指挥中心工作。

3.3.2 Ⅱ级应急响应

发生影响、后果相当于院Ⅱ级(较大)突发事件的野外地质勘查事故后，由院应急指挥中心统一指挥、协调，野外勘查事故应急指挥部进行应急处置。

3.3.3 Ⅲ级应急响应

发生影响、后果相当于院Ⅲ级(一般)突发事件的野外地质勘查事故后，由事故发生二级单位或项目组，启动本单位的应急预案、项目现场处置方案进行处置。处置情况及时上报至院应急指挥中心办公室。

3.4 响应程序

3.4.1 分级响应程序

(1)Ⅰ级应急响应程序

①事发单位先期成立野外作业事故应急救援指挥部,开展现场应急救援,并及时报告院应急指挥中心办公室;

②院应急指挥中心按照应急报告程序及时向地矿局和当地市一级人民政府应急管理机构上报事件情况,并及时续报事件发展态势;

③在上级应急管理机构采取应急行动前,院应急指挥中心启动本应急预案,统一指挥、调用本单位应急资源,正式成立野外勘查事故应急救援指挥部进行紧急处置,防止事故的扩大。

(2)Ⅱ级应急响应程序

①事发单位先期成立野外勘查事故应急救援指挥部,开展现场应急救援,并及时报告院应急指挥中心办公室;

②院应急指挥中心成员到位,及时掌握事件发展态势和现场救援情况,并正式成立野外勘查事故应急救援指挥部,派驻相关应急人员,下达关于应急救援的指导性意见;

③应急指挥中心办公室根据现场应急指挥部办公室传达的救援消息,向上级有关应急管理机构报告事故应急处置情况,并及时续报事态发展和现场救援情况。

(3)Ⅲ级应急响应程序

①事发单位先期成立野外勘查事故应急救援指挥部,开展现场应急救援,并及时报告院应急指挥中心办公室;

②野外作业事故应急救援指挥部根据院应急指挥中心授权启动事发单位应急预案或处置方案,指挥、协调当地应急资源,组织实施应急救援;

③应急指挥中心办公室进入预备状态,做好相应应急准备。

3.4.2 扩大响应

院应急指挥中心根据现场野外勘查事故应急指挥部汇报的事故应急处置情况,当突发事件的严重程度以及发展趋势超出其应急救援能力时,应及时报请上一级应急指挥机构启动高等级的应急预案。

4 处置措施

4.1 处置行动

地质钻探作业生产安全事故发生后,由现场应急指挥部根据事故情况开展应急救援工作的指挥与协调,通知相关部门及应急救援机构提供其保障。

(1)召集、调动救援力量

应急救援指挥中心负责召集、调动救援队伍和相关保障小组,应急救援小组由现场总指挥直接指挥,各应急救援小组接到现场应急指挥部指令后,立即响应,派遣事故抢险人员、物资设备等迅速在指定位置聚集，并听从现场指挥长安排。

现场总指挥按本预案的工作原则、专家建议迅速组织应急救援力量开展应急救援，并且要与参加应急救援的相关单位和部门保持通信畅通。

当现场应急救援力量和资源不能满足救援行动要求时，及时向应急工作领导小组报告，请求调动其他应急救援力量和资源。

(2)现场处置

事故发生单位必须保护现场，封锁周边危险区域，按预案营救、急救伤员和保护财产。发生特殊险情时，应急指挥中心在充分考虑专家和有关方面意见的基础上，及时采取紧急处置措施。

(3)医疗卫生救助

各生产作业单位要根据应急预案和部门职责，要依托当地政府医疗卫生专业队伍，根据需要及时求助开展现场救治、疾病预防控制等卫生应急工作。

(4)应急人员的安全防护

现场应急救援人员应根据需要携带相应专业防护装备，采取安全防护措施，严格执行应急救援人员进入和离开现场的相关规定。

现场应急指挥部根据需要具体协调、调集相应的安全防护装备。

4.2　现场处置方案

各二级单位(部门)的生产经营和施工承包项目部要针对本单位和项目可能发生的各类钻探作业生产安全事故特点、危险性，制定现场处置方案。现场处置方案主要内容应包括：

(1)事故风险分析(可能发生事故的区域、地点或装置名称，可能发生事故的季节和所造成的危害程度等)。

(2)应急工作职责(基层单位或项目应急自救组织形式、人员构成以及具体职责)。

(3)应急处置(应急处置程序、明确应急处置措施、报警联络方式及人员等)。

(4)注意事项(个人防护、救援器材、现场自救等事项)。

(5)应急物资装备的目录清单(重要物资和装备的名称、型号、存放地点和联系电话等)。

(6)关键路线、标识和图纸(救援行动路线、疏散路线、相关平面布置图纸和救援力量分布图等)。

二、地质钻探作业生产安全事故专项应急预案

1 事故类型和危害程度分析

(1)安装、拆卸钻塔工作中

①物体打击。安装、拆卸钻塔时,提放钻塔构件、工具、零件等,因未捆绑好或碰撞而掉下易砸伤人员;塔上两层或更多层作业,底层有人,易发生坠物伤人事件;从塔上向下扔塔件或工具,塔上台板未固定而错移下落,用滑车、绳索提升物件时,提升系统失灵或折断等,易造成物体打击伤害。

②高处坠落。塔上作业不系安全带,或未系牢固,或受力连接件有损坏,或挂拴位置不当,例如挂在已拆卸塔构件上和挂在不结实的构件上易发生高处坠落事故;冬季安、拆钻塔雪后作业不清除冰雪,或在夜间照明不足,有雾,可见度低,视物不清,易造成行动失误而发生高处坠落事故;在大风天气,操作人员违反操作规程作业,又未系好安全带作业,易发生高处坠落事故。

③用载重汽车、拖拉机、装载机等机动车搬运钻探设备时,如装载超高、超长、超宽,以及未绑扎牢固,则行进中易发生挤、压、坠落、撞车或倾覆等事故。

④其他伤害。在人力抬、扛、挑、拉运钻探设备、塔架、基台、管材等重物时,如用力不当或配合不协调,则可能造成重物压伤、碰伤、腰肩扭伤等事故。

(2)钻进工作中

①机械伤害。在钻进中,操作人员违反操作规程擦拭运转中部件或在其附近作业,易于发生机械伤害事故。

②机械伤害。机械正常运行、钻进作业过程中,运转外露部位无防护罩、运行皮带无防护栏等,易发生机械伤害事故。

(3)升降钻具工作中

①机械伤害。操作升降不熟练,与孔口、塔上人员配合不好、猛刹车、猛放钻具等,易造成提引器,滑车及垫叉跳动易伤害孔口作业人员;提引器碰挂台板、钻杆靠架、撞击天车、钻塔构件等,易导致落物伤人。

②高处坠落。塔上人员不系安全带,或活动工作台没有安装防坠、防窜装置,当平衡钢丝绳折断或锁紧装置失灵时,活动工作台失去控制而向下坠落或撞击天车会出现高处坠落事故。

(4)处理孔内事故过程中

①机械伤害。用升降机强力起拔事故钻具,易造成拉弯塔件,机具损坏,钢丝绳折断伤人事故;用升降机与手轮(给进把)同时起拔,钻具突然被拔断,造成手轮(给进把)折断伤人。

②机械伤害。打吊锤时,易出现打箍飞出脱落伤人。

③机械伤害。使用千斤顶在顶端钻杆时，易发生卡瓦飞出伤人。

④机械伤害。反钻钻具时，常因加长钳子搬杆，又互相配合不好，在钻具反断后，易发生搬杆反转伤人。

(5)其他工作中主要的事故

①坍塌。修筑地基时，钻塔和钻探设备底座的填方量较多，未采取防塌陷和溜方措施；在山坡修筑地基时，靠山坡一边的坡度大于80°，或未及时清除坡上的活石；由于机台在施工中负荷的增加和剧烈的震动，易造成坍塌事故。

②机械伤害。用摇柄起动柴油机，未握紧摇手柄或中途松手，柴油机起动后未及时抽出手柄，以及两人同握摇柄起动，常易发生摇手柄伤人事故。用麻绳缠绕皮带轮起动柴油机，柴油机起动后又将麻绳卷回，易造成伤人事故。

(6)季节性灾害事故

如果不根据钻探施工的特点，采取相应的防雷、防雨(包括山洪、泥石流)、防风、防寒、防火等措施，在季节性的雷、雨、风、寒等气候条件的影响下，易出现事故。

①物体打击。未拴绷绳或安装有缺陷，或得到大风警报后，未及时采取卸下塔套和将钻具下到孔内安全位置，暂时撤离机场人员等措施，易发生刮倒钻塔而伤人事件。

②触电。未安装避雷针或安装有缺陷，在雷雨天气作业，易发生雷击事故。

③淹溺。洪水季节在河滩、山谷等可能受到洪水侵袭的地方施工作业，又缺少足够的泄洪、御洪设施，易发生淹溺事故。

④火灾。机场取暖火炉紧靠厂房壁，或烟筒、火炉周围未安设隔热板，在火炉上预热油料，易造成火灾事故。

2　应急指挥机构及职责

2.1　应急组织体系

地质钻探作业生产安全事故应急救援体系由公司应急工作领导小组、应急领导小组办公室、现场应急指挥部、公司各职能部门和相关保障机构组成。

2.1.1　公司应急工作领导小组

总指挥：总经理；

副总指挥：分管安全副经理；

成员：总工程师、工会主席、其他副经理、办公室(含汽车队)、安全管理部门、技术质量管理部门、资产管理部门、人事教育部门、保卫部门和事故发生单位主要负责人。

以上指挥中心组成人员以工作岗位设置为准，不因任职人员的变动而改变。

2.1.2　应急领导小组办公室

应急指挥中心办公室设在公司安全管理部门，作为公司应急管理的日常工作机构。指挥中心办公室主任由公司安全科科长担任，副主任由综合办公室主任担任。

2.1.3　现场应急救援指挥部

现场应急救援指挥部是应急指挥中心的临时派出机构，现场指挥由公司应急工作领导小组指派，一般情况由事发单位或项目的第一责任人担任总指挥，其成员主要由事故发生单位人员组成。

2.1.4 专家组

根据应急工作的实际需要，公司应急工作领导小组聘请有关专家，建立地质钻探作业生产安全事故应急处置的专家库。在应急状态下，公司应急工作领导小组也可向地方政府申请，挑选就近的应急救援专家组成专家组，协助对钻探作业生产安全事故进行应急处置。

2.2 职责

2.2.1 公司应急工作领导小组

(1)负责组织公司钻探生产安全事故应急预案的修订、审核、发布、演练和总结。

(2)按钻探作业生产安全事故应急预案的规定下达预警和预警解除指令、专项应急预案启动和终止指令。

(3)组织、指挥、协调钻探作业生产安全事故应急处置工作，在应急处置过程中，负责向上级部门及地方政府求援或配合应急工作。

(4)加强钻探作业生产安全事故应急救援体系建设。结合钻探作业特点，建立相应事故救援队伍，提高救援装备水平，形成钻探作业生产安全事故应急救援的保障。

2.2.2 应急领导小组办公室

(1)掌握事故发生情况，及时向应急指挥中心总指挥、副总指挥汇报。

(2)按照应急指挥中心指令，及时将相关命令信息通知现场应急指挥部和各相关小组。

2.2.3 现场应急指挥部

(1)按照应急指挥中心指令，成立相关工作小组，负责现场应急指挥工作，整合和调配现场应急资源。

(2)及时向应急指挥中心汇报应急处置工作情况。

(3)收集、整理应急处置过程中的有关资料。

(4)核实应急终止条件并向应急指挥中心请示应急结束。

(5)负责现场应急工作总结。

2.2.4 各相关小组

(1)应急救援组：负责根据各类钻探作业生产安全事故的类型、特征，依据现场处置方案实施事故现场灭火、事故抢险、现场伤员搜索、施工设施抢修等现场处置工作。

(2)安全保卫组：负责划定现场警戒区并组织警戒，维护现场治安秩序，保障现场安全管理，以防次生事故发生。

(3)后勤保障组：负责组织抢险物资的供应，负责车辆运送抢险物资，负责保障电力、通信设施安全畅通。

(4)善后处置组：负责事故现场恢复以及伤亡人员家属的安抚等工作。

3　处置程序

3.1　信息报告

生产安全事故发生后，事故单位第一责任人应在1小时内上报公司应急工作领导小组办公室，同时按照规定报告事发地政府管理机构。应急指挥中心办公室应立即上报公司应急工作领导小组总指挥、副总指挥及相关单位和部门负责人，同时按照规定向上级主管理部门报告，应急处置过程中，要及时续报有关情况。

报告内容包括：事故发生的单位及发生的时间、地点；事故发生的简要经过、遇险人数、初步估计经济损失情况；事故原因、性质初步判断；事故应急处理情况和采取的措施；需要单位协助事故抢险和处理的有关事宜；事故报告单位、签发人和报告时间。

3.2　分级响应

根据事故性质、严重程度、救灾难度、影响范围和控制能力，结合单位实际情况决定对公司地质钻探作业生产安全事故实行三级应急响应。事故发生后，按事故的响应级别分别启动相应级别应急预案，组织实施应急救援工作。超出Ⅰ级应急响应范围的生产安全事故，直接由事发地政府管理机构组织实施应急救援工作。当上一级预案启动时，下一级预案必须已经启动。

3.2.1　Ⅰ级应急响应

一次造成1～2人死亡，以及可能对附近居民和公众有健康和安全影响的危及3人以上生命安全；3人以上中毒、窒息（或重伤）；需要紧急转移安置20～49人；或者直接经济损失达到100万元及以上、500万元以下的生产安全事故，为Ⅰ级响应。

3.2.2　Ⅱ级应急响应

发生重伤4人以上（含4人），需要紧急转移安置20人以下；或者直接经济损失达到20万元及以上、100万元以下的事故，为Ⅱ级响应。

3.2.3　Ⅲ级应急响应

发生重伤1～3人，或者直接经济损失达到2万元及以上、20万元以下的事故，为Ⅲ级响应。

3.3　响应程序

3.3.1　Ⅰ级应急响应

当事故达到Ⅰ级应急响应标准时，启动局相关应急预案，公司应急指挥中心配合局应急管理机构开展应急救援工作，同时按照如下内容响应：

(1)按照应急报告程序及时向上级部门以及地方政府应急管理部门上报事故情况，并及时续报事故发展态势。

(2)在局应急管理部门采取应急行动之前，调用全局应急资源，按照Ⅰ级应急响应采取应急行动，防止事态进一步扩大。

(3)在局应急管理部门启动相关应急预案后,接受其指令,配合开展应急救援工作。

3.3.2　Ⅱ级应急响应

当事故达到Ⅱ级应急响应标准时,启动公司相关应急预案,事故发生单位应急工作小组配合公司应急管理部门开展应急救援工作,同时按照如下内容响应:

(1)按照应急报告程序及时向上级应急管理部门上报事故情况,并及时续报事故发展态势。

(2)在公司应急管理部门采取应急行动之前,调用所有应急资源,按照Ⅱ级应急响应采取应急行动,防止事态进一步扩大。

(3)在公司应急管理部门启动相关应急预案后,接受其应急管理部门的指令,配合开展应急救援工作。

3.3.3　Ⅲ级应急响应

当事故达到Ⅲ级应急响应标准时,事故发生单位按照现场处置方案要求开展应急救援工作,同时按照如下内容响应:

(1)事发单位立即向公司应急工作领导小组办公室报告,办公室通知公司应急工作领导小组总指挥和副总指挥以及相关小组成员和部门,报告内容包括:事故发生时间、地点、事故类别、事故可能原因、危害程度和救援要求等内容,并及时续报事态发展和现场救援情况。

(2)事故发生单位应急工作领导小组组织研究制定决策应急救援方案,统一指挥调配本单位所有有效资源进行事故应急处理,必要时请求上级应急管理机构采取应急行动,防止事故进一步扩大。

(3)事故发生单位应急工作领导小组做好如下应急准备:应急工作领导小组办公室立即向应急工作领导小组报告事故情况,应急工作领导小组成员到位,并按照应急指令下达程序下达关于应急救援的指导意见;应急工作领导小组办公室及时掌握事态发展和现场救援情况,并及时向应急工作领导小组汇报。

3.3.4　扩大响应

公司应急指挥机构及时掌握事故应急处置情况,当事故或险情的严重程度以及发展趋势,超出其应急救援能力时,应及时报请上一级应急指挥机构启动上级应急预案。

4　处置措施

4.1　处置行动

地质钻探作业生产安全事故发生后,由现场应急指挥部根据事故情况开展应急救援工作的指挥与协调,通知相关部门及应急救援机构提供其保障。

(1)召集、调动救援力量

公司应急救援指挥中心负责召集、调动救援队伍和相关保障小组,应急救援小组由现场总指挥直接指挥,各应急救援小组接到现场应急指挥部指令后,立即响应,派遣事故抢险人员、物资设备等迅速在指定位置聚集,并听从现场指挥长安排。

现场总指挥按本预案的工作原则、专家建议迅速组织应急救援力量开展应急救援,并且要与参加应急救援的相关单位和部门保持通信畅通。

当现场应急救援力量和资源不能满足救援行动要求时，及时向公司应急工作领导小组报告，请求调动其他应急救援力量和资源。

(2)现场处置

事故发生单位必须保护现场，封锁周边危险区域，按预案营救、急救伤员和保护财产。发生特殊险情时，应急指挥中心在充分考虑专家和有关方面意见的基础上，及时采取紧急处置措施。

(3)医疗卫生救助

各生产作业单位要根据应急预案和部门职责，要依托当地政府医疗卫生专业队伍，根据需要及时求助开展现场救治、疾病预防控制等卫生应急工作。

(4)应急人员的安全防护

现场应急救援人员应根据需要携带相应专业防护装备，采取安全防护措施，严格执行应急救援人员进入和离开现场的相关规定。

现场应急指挥部根据需要具体协调、调集相应的安全防护装备。

4.2　现场处置方案

各二级单位(部门)的生产经营和施工承包项目部要针对本单位和项目可能发生的各类钻探作业生产安全事故特点、危险性，制定现场处置方案。现场处置方案主要内容应包括：

(1)事故风险分析(可能发生事故的区域、地点或装置名称，可能发生事故的季节和所造成的危害程度等)。

(2)应急工作职责(基层单位或项目应急自救组织形式、人员构成以及具体职责)。

(3)应急处置(应急处置程序、明确应急处置措施、报警联络方式及人员等)。

(4)注意事项(个人防护、救援器材、现场自救等事项)。

(5)应急物资装备的目录清单(重要物资和装备的名称、型号、存放地点和联系电话等)。

(6)关键路线、标识和图纸(救援行动路线、疏散路线、相关平面布置图纸和救援力量分布图等)。

三、坑(槽)探作业生产安全事故专项应急预案

1 事故类型和危害程度分析

地质勘查坑(槽)探作业过程中,如果对不安全因素重视程度不够,控制措施不利,可能发生物体打击、机械伤害、高处坠落、坍塌、冒顶片帮、爆炸、中毒窒息等生产安全事故,处理不当可能导致人员伤亡和财产损失事件发生。

2 应急指挥机构及职责

2.1 应急组织体系

坑(槽)探作业生产安全事故应急救援体系由公司应急领导小组、应急领导小组办公室、现场应急救援指挥部、公司各职能部门和相关保障机构组成(图 2-2)。

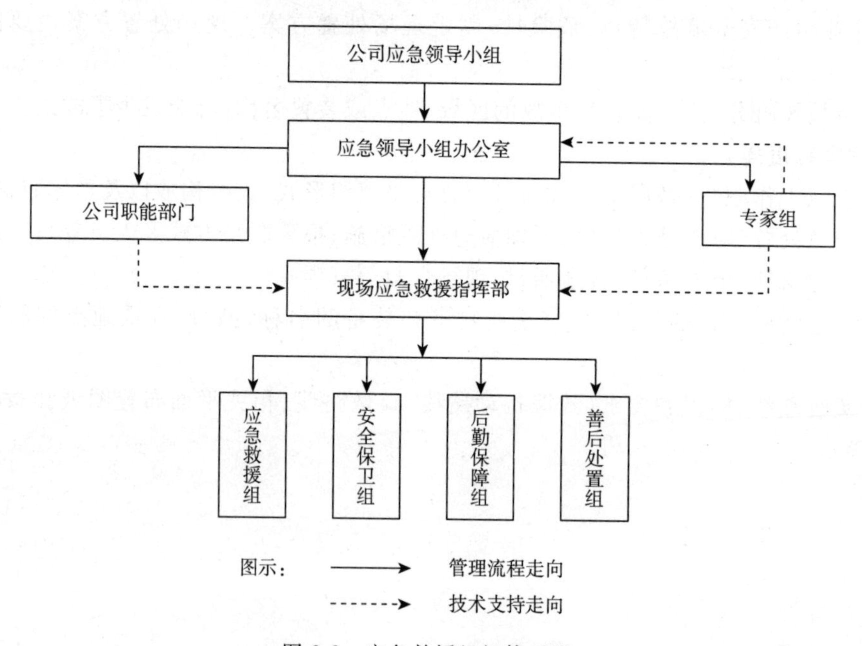

图 2-2 应急救援组织体系图

2.1.1 公司应急领导小组

总指挥:总经理;

副总指挥:分管安全副经理;

成员:总工程师、工会主席、综合办公室(含汽车队)、工会、安全管理部门、技术质量管

理部门、资产管理部门、人事教育部门、保卫部门和事故发生单位主要负责人。

以上指挥中心组成人员以工作岗位设置为准，不因现任人员的变动而改变。

2.1.2　应急领导小组办公室

应急领导小组办公室设在公司安全管理部门，作为公司应急管理的日常工作机构。

指挥中心办公室主任由公司安全科科长担任，副主任由综合办公室主任担任。

2.1.3　现场应急救援指挥部

现场应急救援指挥部是应急指挥中心的临时派出机构，现场指挥由公司应急领导小组指派，一般情况由事发单位或项目的第一责任人担任总指挥，其成员主要由事故发生单位人员组成。

2.1.4　专家组

根据应急工作的实际需要，公司应急领导小组聘请有关专家，建立地质坑(槽)探作业生产安全事故应急处置的专家库。在应急状态下，公司应急领导小组也可向地方政府申请，挑选就近的应急救援专家组成专家组，协助对坑(槽)探作业生产安全事故进行应急处置。

2.2　职责

2.2.1　公司应急领导小组

(1)负责组织公司坑(槽)探生产安全事故应急预案的修订、审核、发布、演练和总结。

(2)按坑(槽)探作业生产安全事故应急预案的规定下达预警和预警解除指令、专项应急预案启动和终止指令。

(3)组织、指挥、协调坑(槽)探作业生产安全事故应急处置工作，在应急处置过程中，负责向上级部门及地方政府求援或配合应急工作。

(4)加强坑(槽)探作业生产安全事故应急救援体系建设。结合坑(槽)探作业特点，建立相应事故救援队伍，提高救援装备水平，形成坑(槽)探作业生产安全事故应急救援的保障。

2.2.2　应急领导小组办公室

(1)掌握事故发生情况，及时向应急指挥中心总指挥、副总指挥汇报。

(2)按照应急指挥中心指令，及时将相关命令信息通知现场应急指挥部和各相关小组。

2.2.3　现场应急指挥部

(1)按照应急指挥中心指令，成立相关工作小组，负责现场应急指挥工作，整合和调配现场应急资源。

(2)及时向应急指挥中心汇报应急处置工作情况。

(3)收集、整理应急处置过程中的有关资料。

(4)核实应急终止条件并向应急指挥中心请示应急结束。

(5)负责现场应急工作总结。

2.2.4　各相关小组

(1)应急救援组：负责根据各类坑(槽)探作业生产安全事故的类型、特征，依据现场处置方案实施事故现场灭火、事故抢险、现场伤员搜索、施工设施抢修等现场处置工作。

(2)安全保卫组:负责划定现场警戒区并组织警戒,维护现场治安秩序,保障现场安全管理,以防次生事故发生。

(3)后勤保障组:负责组织抢险物资的供应,负责车辆运送抢险物资,负责保障电力、通信设施安全畅通。

(4)善后处置组:负责事故现场恢复以及伤亡人员家属的安抚等工作。

3 处置程序

3.1 信息报告

坑(槽)探作业生产安全事故发生后,事故单位第一责任人在1小时内上报公司应急领导小组办公室,同时按照规定报告事发地政府管理机构。应急领导小组办公室应立即上报公司应急领导小组总指挥、副总指挥及相关单位和部门负责人,同时按照规定向上级主管理部门报告,应急处置过程中,要及时续报有关情况。

报告内容包括:事故发生的单位及发生的时间、地点;事故发生的简要经过、遇险人数、初步估计经济损失情况;事故原因、性质初步判断;事故应急处理情况和采取的措施;需要单位协助事故抢险和处理的有关事宜;事故报告单位、签发人和报告时间。

3.2 分级响应

根据事故性质、严重程度、救灾难度、影响范围和控制能力,结合单位实际情况决定对公司坑(槽)探作业生产安全事故实行三级应急响应。事故发生后,按事故的响应级别分别启动相应级别应急预案,组织实施应急救援工作。当上一级预案启动时,下一级预案必须已经启动。

(1)Ⅰ级应急响应

一次造成1～2人死亡,以及可能对附近居民和公众有健康和安全影响的危及3人以上生命安全;3人以上中毒、窒息(或重伤);需要紧急转移安置20～49人;或者直接经济损失达到100万元及以上、500万元以下的生产安全事故,为Ⅰ级响应。

(2)Ⅱ级应急响应

发生重伤4人以上(含4人),需要紧急转移安置20人以下;或者直接经济损失达到20万元及以上、100万元以下的事故,为Ⅱ级响应。

(3)Ⅲ级应急响应

发生4人以下重伤,或者直接经济损失达到2万元及以上、20万元以下的事故,为Ⅲ级响应。

3.3 响应程序

3.3.1 Ⅰ级应急响应

当事故达到Ⅰ级应急响应标准时,启动局相关应急预案,公司应急指挥中心配合局应急管理机构开展应急救援工作，同时按照如下内容响应：

(1)按照应急报告程序及时向上级部门以及地方政府应急管理部门上报事故情况，并及时续报事故发展态势。

(2)在局应急管理部门采取应急行动之前，调用全局应急资源，按照Ⅰ级应急响应采取应急行动，防止事态进一步扩大。

(3)在局应急管理部门启动相关应急预案后，接受其指令，配合开展应急救援工作。

3.3.2　Ⅱ级应急响应

当事故达到Ⅱ级应急响应标准时，启动公司相关应急预案，事故发生单位应急工作小组配合公司应急管理部门开展应急救援工作，同时按照如下内容响应：

(1)按照应急报告程序及时向上级应急管理部门上报事故情况，并及时续报事故发展态势。

(2)在公司应急管理部门采取应急行动之前，调用所有应急资源，按照Ⅱ级应急响应采取应急行动，防止事态进一步扩大。

(3)在公司应急管理部门启动相关应急预案后，接受其应急管理部门的指令，配合开展应急救援工作。

3.3.3　Ⅲ级应急响应

当事故达到Ⅲ级应急响应标准时，事故发生单位按照现场处置方案要求开展应急救援工作，同时按照如下内容响应：

(1)事发单位立即向公司应急工作领导小组办公室报告，办公室通知公司应急工作领导小组总指挥和副总指挥以及相关小组成员和部门，报告内容包括：事故发生时间地点、事故类别、事故可能原因、危害程度和救援要求等内容，并及时续报事态发展和现场救援情况。

(2)事故发生单位应急工作领导小组组织研究制定决策应急救援方案，统一指挥调配本单位所有有效资源进行事故应急处理，必要时请求上级应急管理机构采取应急行动，防止事故进一步扩大。

(3)事故发生单位应急工作领导小组做好如下应急准备：应急工作领导小组办公室立即向应急工作领导小组报告事故情况，应急工作领导小组成员到位，并按照应急指令下达程序下达关于应急救援的指导意见；应急工作领导小组办公室及时掌握事态发展和现场救援情况，并及时向应急工作领导小组汇报。

3.3.4　扩大响应

公司应急指挥机构及时掌握事故应急处置情况，当事故或险情的严重程度以及发展趋势超出其应急救援能力时，应及时报请上一级应急指挥机构启动上级应急预案。

4　处置措施

4.1　处置行动

坑(槽)探作业生产安全事故发生后，由现场应急指挥部根据事故情况开展应急救援工作的指挥与协调，通知相关部门及应急救援机构提供其保障。

(1)召集、调动救援力量

公司应急救援指挥中心负责召集、调动救援队伍和相关保障小组，应急救援小组由现场总指挥直接指挥，各应急救援小组接到现场应急指挥部指令后，立即响应，派遣事故抢险人员、物资设备等迅速在指定位置聚集，并听从现场指挥长安排。

现场总指挥按本预案的工作原则、专家建议迅速组织应急救援力量开展应急救援，并且要与参加应急救援的相关单位和部门保持通信畅通。

当现场应急救援力量和资源不能满足救援行动要求时，应及时向公司应急工作领导小组报告，请求调动其他应急救援力量和资源。

(2)现场处置

事故发生单位必须保护现场，封锁周边危险区域，按预案营救、急救伤员和保护财产。发生特殊险情时，应急指挥中心在充分考虑专家和有关方面意见的基础上，及时采取紧急处置措施。

(3)医疗卫生救助

各生产作业单位要根据应急预案和部门职责，要依托当地政府医疗卫生专业队伍，根据需要及时求助开展现场救治、疾病预防控制等卫生应急工作。

(4)应急人员的安全防护

现场应急救援人员应根据需要携带相应专业防护装备，采取安全防护措施，严格执行应急救援人员进入和离开现场的相关规定。

现场应急指挥部根据需要具体协调、调集相应的安全防护装备。

4.2 现场处置方案

各二级单位(部门)的生产经营和施工项目部要针对本单位和项目可能发生的各类坑(槽)探作业生产安全事故特点、危险性，制定现场处置方案。现场处置方案主要内容应包括：

(1)事故特征(可能发生事故的区域、地点或装置名称，可能发生事故的季节和所造成的危害程度等)。

(2)应急组织与职责(基层单位或项目应急自救组织形式、人员构成以及具体职责)。

(3)应急处置(应急处置程序、明确应急处置措施、报警联络方式及人员等)。

(4)注意事项(个人防护、救援器材、现场自救等事项)。

(5)应急物资装备的目录清单(重要物资和装备的名称、型号、存放地点和联系电话等)。

(6)关键路线、标识和图纸(救援行动路线、疏散路线、相关平面布置图纸和救援力量分布图等)。

四、地质实验测试生产安全事故专项应急预案

1　事故类型和危害程度分析

测试工作以分析检测矿物成分含量为主，检测方法多、作业集中。在分析检测中会使用仪器设备、水电气、加热装置以及各种酸碱和化学药品。在这过程中可能造成人员伤亡、财产损失等生产安全事故，主要类型有：火灾、爆炸、触电、烧（烫）伤、毒气窒息、机械设备、环境污染等原因造成的人员伤亡和财产损失生产安全事故。

2　应急组织机构及职责

2.1　应急组织体系

测试作业生产安全事故应急救援体系由测试中心应急工作领导小组、应急工作办公室、专家组、测试中心各职能部门和相关保障机构和现场各小组组成（图 2-3）。

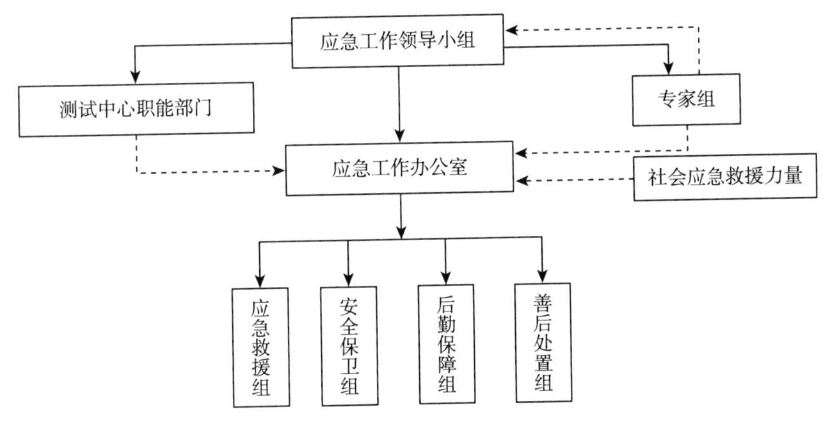

图 2-3　应急救援组织体系图

2.2　应急救援岗位职责

2.2.1　测试中心应急救援领导小组职责

（1）负责组织测试中心生产安全事故专项应急预案的修订、审核、发布、演练和总结。

（2）按测试作业生产安全事故专项应急预案的规定下达预警和预警解除指令、专项应急预案启动和终止指令。

（3）组织、指挥、协调岩矿测试作业生产安全事故应急处置工作，在应急处置过程中，在超出测试中心应急处置能力时，负责向院求援，并配合其开展工作。

(4)加强测试作业生产安全事故应急救援体系建设。结合测试作业特点,建立相应事故救援队伍,提高救援装备水平,形成测试作业生产安全事故应急救援的保障。

(5)根据事故发展动态,及时向院报告,并负责落实上级指令。

2.2.2 应急工作办公室职责

(1)掌握事故发生情况,及时向应急工作领导小组汇报。

(2)按照应急工作领导小组指令,及时将相关命令信息通知现场应急指挥部和各相关小组。

2.2.3 各相关小组职责

(1)应急救援组:负责根据事故的类型、特征,依据现场处置方案组织实施抢险救灾、人员搜救、医疗救护等现场处置工作。

(2)安全保卫组:负责划定现场警戒区并组织警戒,维护现场治安秩序,保障现场安全管理,以防次生事故发生。

(3)后勤保障组:负责组织抢险物资的供应;负责保障电力、通信设施安全畅通。

(4)善后处置组:负责事故现场恢复以及伤亡人员家属的安抚、保险理赔等工作。

3 处置程序

3.1 信息报告

测试作业生产安全事故发生后,现场人员应立即将事故信息上报单位负责人,事故部门第一责任人立即上报应急工作办公室。应急工作办公室应立即上报院应急指挥中心办公室,院应急指挥中心同时按照规定向上级主管部门报告,在应急处置过程中,要及时续报有关情况。

报告内容包括:事故发生的单位及发生的时间、地点;事故发生的简要经过、遇险人数、初步估计经济损失情况;事故原因、性质初步判断;事故应急处理情况和采取的措施;需要单位协助事故抢险和处理的有关事宜;事故报告单位、签发人和报告时间。

3.2 分级响应

根据事故性质、严重程度、救灾难度、影响范围和控制能力,结合单位实际情况决定对测试作业生产安全事故实行三级应急响应。事故发生后,按事故的响应级别分别启动相应级别应急预案,组织实施应急救援工作。当上一级预案启动时,下一级预案必须已经启动。

3.2.1 Ⅰ级应急响应

发生死亡事故,以及可能对附近居民和公众有健康和安全影响的危及 3 人以上生命安全;1 人以上中毒、窒息(或重伤);需要紧急转移安置 5 人以上;或者直接经济损失达到 5 万元及以上的生产安全事故,为Ⅰ级响应。

Ⅰ级响应同时要报院以及救援领导小组办公室,启动院生产安全事故综合预案。

3.2.2　Ⅱ级应急响应

发生重伤1人以上(含1人)或轻伤需要住院治疗，或需要紧急转移安置5人以下，或者直接经济损失达到5万元及以下3万元以上的生产安全事故，为Ⅱ级响应。

Ⅱ级响应同时要报院以及救援领导小组办公室，启动院生产安全事故综合预案。

3.2.3　Ⅲ级应急响应

发生无人员伤亡，直接经济损失在3万元以下的事故，为Ⅲ级响应。

3.3　响应程序

3.3.1　Ⅰ级应急响应

当事故达到Ⅰ级应急响应标准时，启动院综合应急预案，岩矿测试中心应急领导小组配合院应急管理机构开展应急救援工作，同时按照如下内容响应：

(1)按照应急报告程序及时向上级部门以及地方政府应急管理部门上报事故情况，并及时续报事故发展态势。

(2)在院应急管理部门采取应急行动之前，调用全院应急资源，按照Ⅰ级应急响应采取应急行动，防止事态进一步扩大。

(3)在院应急管理部门启动相关应急预案后，接受其指令，配合开展应急救援工作。

3.3.2　Ⅱ级应急响应

当事故达到Ⅱ级应急响应标准时，启动院综合应急预案，事故发生单位应急工作小组配合院应急管理部门开展应急救援工作，同时按照如下内容响应：

(1)按照应急报告程序及时向上级应急管理部门上报事故情况，并及时续报事故发展态势。

(2)在测试中心应急领导小组采取应急行动之前，调用所有应急资源，按照Ⅱ级应急响应采取应急行动，防止事态进一步扩大。

(3)在院应急管理部门启动相关应急预案后，接受其应急管理部门的指令，配合开展应急救援工作。

3.3.3　Ⅲ级应急响应

当事故达到Ⅲ级应急响应标准时，事故发生单位按照专项应急预案或现场处置方案要求开展应急救援工作，同时按照如下内容响应：

(1)事发单位立即向测试中心应急工作领导小组办公室报告，办公室通知测试中心应急工作领导小组总指挥和副总指挥以及相关小组成员和部门，报告内容包括：事故发生时间地点、事故类别、事故可能原因、危害程度和救援要求等内容，并及时续报事态发展和现场救援情况。

(2)事故发生单位应急工作领导小组组织研究制定决策应急救援方案，统一指挥调配本单位所有有效资源进行事故应急处理，必要时请求上级应急管理机构采取应急行动，防止事故进一步扩大。

(3)事故发生单位应急工作领导小组做好如下应急准备：应急工作领导小组办公室立即向应急工作领导小组报告事故情况，应急工作领导小组成员到位，并按照应急指令下达程序下达关于应急救援的指导意见；应急工作领导小组办公室及时掌握事态发展和现场救援情况，并及时向应急工作领导小组汇报。

3.3.4 扩大响应

测试中心应急指挥机构及时掌握事故应急处置情况，当事故或险情的严重程度以及发展趋势，超出其应急救援能力时，应及时报请院级应急指挥机构启动院级应急预案。

4 处置措施

测试作业生产安全事故发生后，现场负责人（或现场其他测试中心人员）在做好现场救护的同时，必须立即拨打110、119、120、122等社会报警电话，发出警报信号和求救信号，并立即报告所在单位负责人。单位负责人按信息报告和响应程序，迅速上报，启动相关应急预案，组织接应救援，成立现场应急指挥部，由现场应急指挥部根据事故情况开展应急救援工作的指挥与协调，通知相关部门及应急救援机构提供保障，根据需要成立相应小组，指定小组成员，各小组按职责分工开展工作。

(1)召集、调动救援力量

测试中心应急工作领导小组负责召集、调动救援队伍和相关保障小组，应急救援小组由现场指挥直接指挥，各应急救援小组接到现场应急指挥部指令后，立即响应，派遣事故抢险人员、物资设备等迅速在指定位置聚集，并听从现场指挥安排。

现场指挥按本预案的工作原则、专家建议，迅速组织应急救援力量开展应急救援，并且要与参加应急救援的相关单位和部门保持通信畅通。

当现场应急救援力量和资源不能满足救援行动要求时，及时向岩矿测试中心应急指挥中心报告，请求调动和借助上一级或者社会应急救援力量和资源。

(2)现场处置

事故发生单位必须保护现场，封锁周边危险区域，按预案营救、急救伤员和保护财产。发生特殊险情时，应急指挥中心在充分考虑专家和有关方面意见的基础上，及时采取紧急处置措施。

(3)医疗卫生救助

各作业单位要根据应急预案和部门职责，要依托当地医疗卫生系统，根据需要及时求助开展现场救治、疾病预防控制等医疗应急工作。

(4)应急人员的安全防护

现场应急救援人员应根据需要携带相应专业防护装备，采取安全防护措施，做好应急救援人员进入和离开现场的管理。现场应急指挥部根据需要具体协调、调集相应的安全防护装备。

五、自然灾害专项应急预案

1　事故类型和危害程度分析

地质勘查作业有可能遭遇造成人员伤亡和财产损失的自然灾害主要有：水灾、森林火灾、台风、冰雹、暴风雪、暴雨、雷电、沙尘暴、山体崩塌、滑坡、泥石流等灾害的发生可能造成野外作业人员伤亡、失踪，生产设备、设施损失。

2　应急指挥机构及职责

2.1　应急救援组织体系

应急救援组织体系见图 2-4。

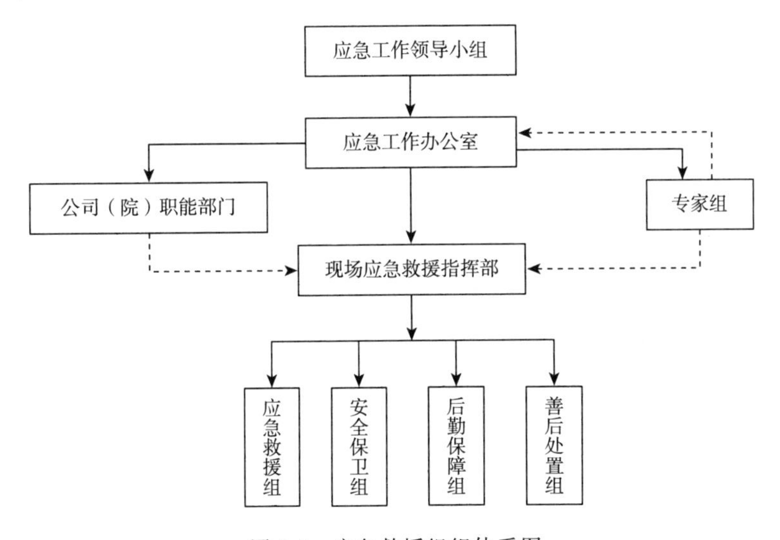

图 2-4　应急救援组织体系图

2.1.1　应急工作领导小组

组长：经理（院长）；

副组长：分管安全副经理（副院长）；

成员：总工程师、工会主席、副经理（院长）、各职能部门负责人和事故单位负责人。

以上组成人员以工作岗位设置为准，不因现任人员的变动而改变。

2.1.2　应急工作办公室

应急工作办公室，设在公司（院）安全管理部门，作为公司应急管理的日常工作机构。

办公室主任由公司（院）安全管理部门负责人担任；副主任由综合办公室主任担任。

2.1.3 现场应急救援指挥部

现场应急救援指挥部是应急工作领导小组的临时派出机构，现场指挥由公司（院）应急工作领导小组指派，一般情况由事发单位或项目的第一责任人担任总指挥，其成员主要由事故发生单位人员组成。

2.1.4 专家组

根据应急工作的实际需要，聘请有关专家组成专家组，协助对地质勘查作业生产安全事故进行应急处置。

2.2 职责

2.2.1 应急工作领导小组职责

（1）负责组织公司（院）地质勘查生产安全事故应急预案的修订、审核、发布、演练和总结。

（2）按地质勘查作业生产安全事故应急预案的规定下达预警和预警解除指令、专项应急预案启动和终止指令。

（3）组织、指挥、协调地质勘查作业生产安全事故应急处置工作，在应急处置过程中，在超出公司应急处置能力时，负责向上级部门及地方政府求援，并配合其开展工作。

（4）加强地质勘查作业生产安全事故应急救援体系建设。结合地质勘查作业特点，建立相应事故救援队伍，提高救援装备水平，形成地质勘查作业生产安全事故应急救援的保障。

（5）根据事故发展动态，及时向上级和地方政府报告，并负责落实上级指令。

2.2.2 应急工作办公室职责

（1）掌握事故发生情况，及时向应急工作领导小组汇报。

（2）按照应急工作领导小组指令，及时将相关命令信息通知现场应急指挥部和各相关小组。

2.2.3 现场应急指挥部职责

（1）按照应急指挥中心指令，成立相关工作小组，负责现场应急指挥工作，整合和调配现场应急资源。

（2）及时向应急工作领导小组报告应急处置工作情况。

（3）收集、整理应急处置过程中的有关资料。

（4）核实应急终止条件并向应急工作领导小组请示应急结束。

（5）负责现场应急工作总结。

2.2.4 各相关小组职责

（1）应急救援组：负责根据事故的类型、特征，依据现场处置方案组织实施抢险救灾、人员搜救等现场处置工作。

（2）安全保卫组：负责划定现场警戒区并组织警戒，维护现场治安秩序，保障现场安全管理，以防次生事故发生。

（3）后勤保障组：负责组织抢险物资的供应；负责车辆运送抢险物资；负责保障电力、通信设施安全畅通。

(4)善后处置组:负责事故现场恢复以及伤亡人员家属的安抚等工作。

3　处置程序

3.1　信息报告

地质勘查作业遭遇自然灾害引发生产安全事故发生后,现场人员应立即将事故信息上报单位负责人,事故单位第一责任人在1小时内上报公司(院)应急工作办公室,同时按照规定报告事发地政府管理机构。应急工作办公室应立即上报公司(院)应急工作领导小组及相关单位和部门负责人,同时按照规定向上级主管部门报告,应急处置过程中,要及时续报有关情况。

报告内容包括:事故发生的单位及发生的时间、地点;事故发生的简要经过、遇险人数、初步估计经济损失情况;事故原因、性质初步判断;事故应急处理情况和采取的措施;需要单位协助事故抢险和处理的有关事宜;事故报告单位、签发人和报告时间。

3.2　分级响应

根据事故性质、严重程度、救灾难度、影响范围和控制能力,根据单位实际情况决定在公司(院)系统内实行四级应急响应。事故发生后,按事故的响应级别分别启动相应级别应急预案,组织实施应急救援工作。当上一级预案启动时,下一级预案必须已经启动。

3.3　响应程序

3.3.1　Ⅰ级应急响应

当事故达到Ⅰ级应急响应标准时,启动总局相关应急预案,局(院)应急指挥中心配合总局应急管理机构开展应急救援工作,同时按照如下内容响应:

(1)按照应急报告程序及时向上级部门以及地方政府应急管理部门上报事故情况,并及时续报事故发展态势。

(2)在总局应急管理部门采取应急行动之前,调用全局应急资源,按照Ⅰ级应急响应采取应急行动,防止事态进一步扩大。

(3)在总局应急管理部门启动相关应急预案后,接受其指令,配合开展应急救援工作。

3.3.2　Ⅱ级应急响应

当事故达到Ⅱ级应急响应标准时,启动局(院)相关应急预案,公司应急指挥中心配合局(院)应急管理部门开展应急救援工作,同时按照如下内容响应:

(1)按照应急报告程序及时向上级应急管理部门上报事故情况,并及时续报事故发展态势。

(2)在局(院)应急管理部门采取应急行动之前,调用公司(院)应急资源,按照Ⅱ级应急响应采取应急行动,防止事态进一步扩大。

(3)在局(院)应急管理部门启动相关应急预案后,接受其应急管理部门的指令,配合开展应急救援工作。

3.3.3 Ⅲ级和Ⅳ级应急响应

当事故达到Ⅲ级和Ⅳ级应急响应标准时，启动本预案，公司应急指挥中心组织开展应急救援工作，同时按照如下内容响应：

（1）事发单位立即向公司（院）应急工作办公室报告，办公室通知公司（院）应急工作领导小组组长和副组长以及相关小组成员和部门，报告内容包括：事故发生时间地点、事故类别、事故可能原因、危害程度和救援要求等内容，并及时续报事态发展和现场救援情况。

（2）公司（院）应急工作领导小组组织研究制定决策应急救援方案，统一指挥调配本单位所有有效资源进行事故应急处理，必要时请求上级应急管理机构采取应急行动，防止事故进一步扩大。

（3）公司（院）应急工作领导小组要做好如下应急准备：应急工作办公室立即向应急工作领导小组报告事故情况，应急工作领导小组成员到位，并按照应急指令下达程序下达关于应急救援的指导意见；应急工作领导小组办公室及时掌握事态发展和现场救援情况，并及时向应急工作领导小组汇报。

3.3.4 扩大响应

公司应急指挥机构及时掌握事故应急处置情况，当事故或险情的严重程度以及发展趋势超出其应急救援能力时，应及时报请上一级应急指挥机构启动上级应急预案。

4 处置措施

4.1 处置行动

地质调查作业遭遇自然灾害引发生产安全事故后，现场负责人（或现场其他公司人员）在做好现场救护的同时，必须立即拨打110、119、120、122等社会报警电话，发出警报信号和求救信号，并立即报告所在单位负责人。单位负责人按信息报告和响应程序，迅速上报，启动相关应急预案，组织接应救援，成立现场应急指挥部，由现场应急指挥部根据事故情况开展应急救援工作的指挥与协调，通知相关部门及应急救援机构提供保障，根据需要成立相应小组，指定小组成员，各小组按职责分工开展工作。

4.1.1 召集、调动救援力量

公司应急工作领导小组负责召集、调动救援队伍和相关保障小组，应急救援小组由现场指挥直接指挥，各应急救援小组接到现场应急指挥部指令后，立即响应，派遣事故抢险人员、物资设备等迅速在指定位置聚集，并听从现场指挥安排。

现场指挥按本预案的工作原则、专家建议，迅速组织应急救援力量开展应急救援，并且要与参加应急救援的相关单位和部门保持通信畅通。

当现场应急救援力量和资源不能满足救援行动要求时，及时向公司（院）应急工作领导小组报告，请求调动和借助其他或者社会应急救援力量和资源。

4.1.2 现场处置

事故发生单位必须保护现场，封锁周边危险区域，按预案营救、急救伤员和保护财产。发生特殊险情时，现场应急指挥部在充分考虑专家和有关方面意见的基础上，及时采取紧急处置措施。

4.1.3　医疗卫生救助

各作业单位要根据应急预案和部门职责，要依托当地政府医疗卫生救援等专业队伍，根据需要及时求助开展现场救治、疾病预防控制等医疗应急工作。

4.1.4　应急人员的安全防护

现场应急救援人员应根据需要携带相应专业防护装备，采取安全防护措施，做好应急救援人员进入和离开现场的管理。现场应急指挥部根据需要具体协调、调集相应的安全防护装备。

4.2　现场应急处置措施

4.2.1　遭遇雪崩的应急处置

(1)一旦发生雪崩，作业人员应集体组织逃离，不要向低处跑，要向旁边跑。也可跑到较高的地方或是坚固岩石的背后，以防被雪埋住。

(2)逃跑时抛弃沉重的物品，用手或其他物品护住头部。如果被雪崩赶上，无法逃脱，要及时抓住山坡旁任何稳固的东西，如大树，岩石等，闭口屏息，以免冰雪涌入喉咙和肺部，等候救援。

(3)若被冲下山坡，要尽量爬上雪流表面，同时以仰泳、蛙泳或狗爬式逆流而上，逃向雪流的边缘。

(4)如果被雪埋住，要尽快弄清自己的体位。判断体位的方法是让口水自流，流不出为仰位，向左或向右流到嘴角是侧位，流向鼻子是倒位。发觉雪流速度减慢时，要努力破雪而出，以防流雪结块。

(5)发生雪崩时，在雪崩区域以外的人不要急于冲进去救人，以免事故扩大；应记住雪崩时队友的位置，雪崩结束后马上组织救助。

(6)怀疑某处雪下有队友时，以直线交错的方式挖沟搜索，同时注意遇险者的一切物品和标注。

(7)找到遇险者后，如昏迷或停止呼吸，应立即做人工呼吸和胸外心脏按压。在实施前要清理口中的雪。

(8)将遇险者以最快的速度送医院救治。

4.2.2　遭遇泥石流的应急处置

(1)沿山谷徒步时，一旦遭遇大雨，要迅速转移到安全的高地，严禁在谷底停留。

(2)选择最短、最安全的路径向沟底两侧山坡或高地跑，切忌顺着泥石流前进方向奔跑；不要停留在坡度大、土层厚的凹处；避开河(沟)道弯曲的凹岸；不要躲在陡峭山体下。

(3)待泥石流过去后，等待救援或及时撤离。

4.2.3　遭遇滑坡的应急处置

(1)迅速撤离到安全的场地。

(2)遇到山体崩滑，无法继续逃离时，应迅速抱住身边的树木等固定物体，或躲在坚实的障碍物下或蹲在地坎、地沟里。

(3)应注意保护好头部，可利用身边的衣物裹住头部。

(4)救助滑坡被掩埋人员时,要领是:将滑坡体后缘的水排开,从滑坡体的侧面开始挖掘,先救人后救物。

4.2.4 遭遇塌方的应急处置

(1)注意观察周围的环境,以防二次事故发生。

(2)应了解清楚被埋人的位置,在接近被埋者时,要防止抢救挖掘工具对被埋者的误伤,尽量用手刨挖。

(3)当挖到被埋人员时,尽可能把周围的泥沙、石块清理掉,搬动要细心,严禁拖拉伤员以防加重伤情。

(4)被埋人员救出后,清除口腔、鼻腔泥沙、痰液等杂物,对呼吸困难者或呼吸停止者,做人工呼吸;大出血伤员须止血;骨折者就地固定后运送。

(5)伤员清醒后喂少量盐开水。

(6)救出伤者后,被挤压的伤肢应避免活动。

(7)采取一切可能的办法以最快速度将伤者送到就近医院急救。

4.2.5 遭遇沙尘暴的应急处置

当风暴来临时,应立即停止作业,全体人员要聚集在一起,躲避到安全的地方或背风处坐下,把头低到膝盖,直到风暴平息为止。如果周围没有坚固的建筑或岩石,可以找一背风处躲起来;人员可蹲在骆驼、马匹等背后。如乘汽车,将汽车开到背风处,待在车内,等待风暴的过去。

4.2.6 遭遇雷雨的应急处置

(1)立即停止作业,寻找合适的躲避地点,雷雨时严禁在孤立的大树、岩石、小屋下躲雨。

(2)雷电交加时,皮肤刺痛或头发竖起,是雷击将至的先兆。如果身在空旷的地方,应该马上趴在地上。

(3)如果来不及离开高大的物体,应找些干燥的绝缘体,放在地上,坐在上面。远离金属物。

(4)对雷电击伤者急救时的注意事项:观察有无其他损伤,现场抢救中,不得随意移动伤员,若确需移动,抢救中断时间不得超过 30 s。移动伤员或将其送医院,应使伤员平躺在担架上继续抢救,心跳、呼吸停止者要继续人工呼吸和胸外心脏按压,在医院医务人员未接替前救治不能中止。对被雷电灼伤的伤口或创面,应用干净的敷料包扎。

4.2.7 遭遇水灾的应急处置

(1)马上往高处撤离。

(2)如果来不及撤离到高地,可就近攀附大树或岩石等候救援。

(3)不幸落水时,切勿惊慌,尽可能抓住洪流中的树木等漂浮物。

(4)救出溺水者后,应迅速清除口鼻腔中污水、污物、分泌物及其他异物,保持气道通畅。吸入水者,应尽快采取头低腹卧位,拍打背部体位引流,但不宜时间太长以免延误心肺复苏。复苏期间常会发生呕吐,注意防止呕吐物吸入气道。对呼吸停止者,应立即进行人工呼吸,及时送到医院救治。

4.2.8　遭遇森林火灾的应急处置

(1)最佳的逃生方式是朝河流或公路的方向逃走,也可跑到草木稀疏的地方,同时要注意风向,避开火头。

(2)如被大火挡住去路,应走到最开阔的空地中央,尽可能清除自身周围的易燃物。

(3)如果带有水,立即洒湿外衣,遮住头部,如果附近有溪流、池塘,赶紧走到水中。

(4)如果火焰逼近,应马上伏在空地上或岩石后,身体贴近地面,用外衣遮盖头部,以免吸进浓烟。

(5)倘若身在汽车内,不要下车,关闭车窗以及通风系统,如有可能,立即驾车逃离。

(6)若时间允许,且携带工具,可以挖洞藏身,等待大火火头过去。

(7)大火过后,沿逆风向而行,弄熄余焰,穿过已烧的火区寻找出路。

4.2.9　遭遇暴雨、台风、冰雹、暴风雪的应急处置

(1)立即停止作业,寻找可靠的坚固掩体躲避,避免在空旷区或悬崖峭壁、山体边坡等危险区域活动。

(2)采取有效的防寒防风防冻措施。

(3)待恶劣天气过去之后,迅速撤离回营地休整。

六、交通事故专项应急预案

1　事故类型和危害程度分析

根据地质勘查业特点和以往交通事故分析，地质勘查业交通事故多以车辆伤害为主，会造成一定的人员伤亡和财产损失。其中人的因素主要有：驾驶员疲劳驾驶、超载、超速、酒后驾车、驾驶不当等违章操作行为；环境的因素主要有：恶劣气候条件、路况不良，山区通行条件差等；物的因素主要有：车辆故障、车况差等。其他还有：遭遇其他车辆伤害。

2　应急指挥机构及职责

2.1　应急组织体系

交通事故应急体系由公司(院)应急工作领导小组、应急工作领导小组办公室、现场应急救援指挥部、各职能部门和相关保障机构组成(图 2-5)。

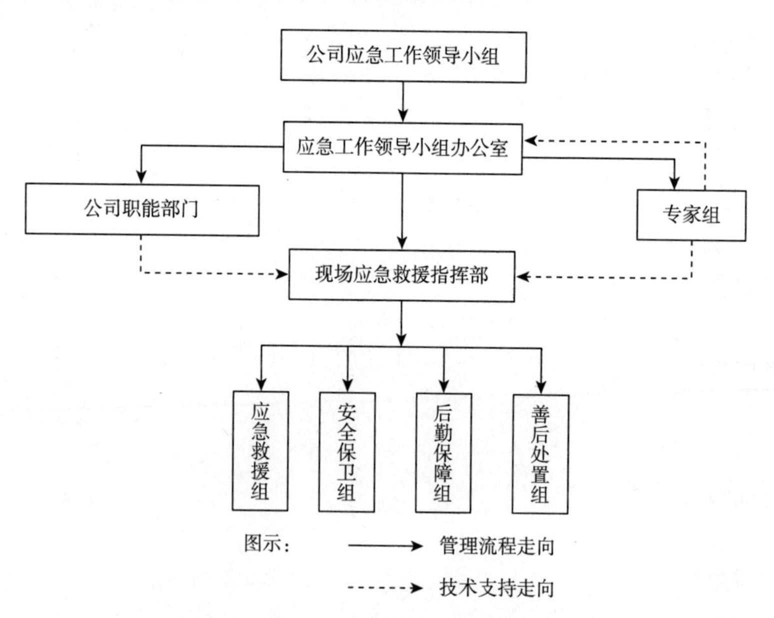

图 2-5　应急组织体系图

2.1.1　应急工作领导小组

组长：经理(院长)；

副组长：分管安全副经理(副院长)；

成员：总工程师、工会主席、各职能部门负责人和事故单位负责人。

以上组成人员以工作岗位设置为准，不因现任人员的变动而改变。

2.1.2　应急工作办公室

应急工作办公室设在公司（院）安全管理部门，作为应急管理的日常工作机构。

办公室主任由公司（院）安全管理部门负责人担任；副主任由综合办公室主任担任。

2.1.3　现场应急救援指挥部

现场应急救援指挥部是应急工作领导小组的临时派出机构，现场指挥由公司（院）应急工作领导小组指派，一般情况由事发单位或项目的第一责任人担任总指挥，其成员主要由事故发生单位人员组成。

2.1.4　专家组

根据应急工作的实际需要，聘请有关专家组成专家组，协助对交通事故进行应急处置。

2.2　职责

2.2.1　公司（院）应急工作领导小组职责

（1）负责组织本单位交通事故应急预案的修订、审核、发布、演练和总结。

（2）按地勘业综合应急预案的规定下达预警和预警解除指令、专项应急预案启动和终止指令。

（3）组织、指挥、协调交通事故应急处置工作，在应急处置过程中，当超出单位应急处置能力时，负责向上级部门及地方政府求援，并配合其开展工作。

（4）加强交通事故应急救援体系建设。结合交通事故特点，建立相应事故救援队伍，提高救援装备水平，形成交通事故应急救援的保障。

（5）根据事故发展动态，及时向上级和地方政府报告，并负责落实上级指令。

2.2.2　应急工作办公室职责

（1）掌握事故发生情况，及时向应急工作领导小组汇报。

（2）按照应急工作领导小组指令，及时将相关命令信息通知现场应急指挥部和各相关小组。

2.2.3　现场应急救援指挥部职责

（1）按照应急工作领导组指令，成立相关工作小组，负责现场应急指挥工作，整合和调配现场应急资源。

（2）及时向应急工作领导小组报告应急处置工作情况。

（3）收集、整理应急处置过程中的有关资料。

（4）核实应急终止条件并向应急工作领导小组请示应急结束。

（5）负责现场应急工作总结。

2.2.4　各相关小组职责

（1）应急救援组：负责根据事故的类型、特征，依据现场处置方案组织实施抢险救灾、人员搜救等现场处置工作。

（2）安全保卫组：负责划定现场警戒区并组织警戒，维护现场治安秩序，保障现场安全管理，以防次生事故发生。

(3)后勤保障组:负责组织抢险物资的供应,负责车辆运送抢险物资和人员,负责保障电力、通信设施安全畅通。

(4)善后处置组:负责事故现场恢复以及伤亡人员家属的安抚等工作,保险理赔等。

3 处置程序

3.1 信息报告

交通事故发生后,现场人员应立即向交警部门和保险公司报案,并将事故信息上报单位负责人,事故单位第一责任人在1小时内上报公司(院)应急工作办公室。应急工作办公室应立即上报应急工作领导小组及相关单位和部门负责人,同时按照规定向上级主管部门报告,应急处置过程中,要及时续报有关情况。

报告内容包括:事故发生的单位及发生的时间、地点;事故发生的简要经过、遇险人数、初步估计经济损失情况;事故原因、性质初步判断;事故应急处理情况和采取的措施;需要单位协助事故抢险和处理的有关事宜;事故报告单位、签发人和报告时间。

3.2 分级响应

根据事故性质、严重程度、救灾难度、影响范围和控制能力,根据单位实际情况决定在公司(院)系统内实行四级应急响应。事故发生后,按事故的响应级别分别启动相应级别应急预案,组织实施应急救援工作。当上一级预案启动时,下一级预案必须已经启动。

3.3 响应程序

3.3.1 Ⅰ级应急响应

当事故达到Ⅰ级应急响应标准时,启动总局相关应急预案,局(院)应急指挥中心配合总局应急管理机构开展应急救援工作,同时按照如下内容响应:

(1)按照应急报告程序及时向上级部门以及地方政府应急管理部门上报事故情况,并及时续报事故发展态势。

(2)在总局应急管理部门采取应急行动之前,调用全局应急资源,按照Ⅰ级应急响应采取应急行动,防止事态进一步扩大。

(3)在总局应急管理部门启动相关应急预案后,接受其指令,配合开展应急救援工作。

3.3.2 Ⅱ级应急响应

当事故达到Ⅱ级应急响应标准时,启动局(院)相关应急预案,公司应急指挥中心配合局(院)应急管理部门开展应急救援工作,同时按照如下内容响应:

(1)按照应急报告程序及时向上级应急管理部门上报事故情况,并及时续报事故发展态势。

(2)在局(院)应急管理部门采取应急行动之前,调用公司应急资源,按照Ⅱ级应急响应采取应急行动,防止事态进一步扩大。

(3)在局(院)应急管理部门启动相关应急预案后,接受其应急管理部门的指令,配合开展应急救援工作。

3.3.3　Ⅲ级和Ⅳ级应急响应

当事故达到Ⅲ级和Ⅳ级应急响应标准时，启动本预案，公司应急指挥中心组织开展应急救援工作，同时按照如下内容响应：

(1)事发单位立即向公司(院)应急工作办公室报告，办公室通知公司(院)应急工作领导小组组长和副组长以及相关小组成员和部门，报告内容包括：事故发生时间地点、事故类别、事故可能原因、危害程度和救援要求等内容，并及时续报事态发展和现场救援情况。

(2)公司(院)应急工作领导组研究制定决策应急救援方案，统一指挥调配本单位所有有效资源进行事故应急处理，必要时请援上级应急管理机构采取应急行动，防止事故进一步扩大。

(3)公司(院)应急工作领导组做好如下应急准备：应急工作办公室立即向应急工作领导小组报告事故情况，应急工作领导小组成员到位，并按照应急指令程序下达关于应急救援的指导意见；应急工作领导小组办公室及时掌握事态发展和现场救援情况，并及时向应急工作领导小组汇报。

3.3.4　扩大响应

公司(院)应急指挥机构及时掌握事故应急处置情况，当事故或险情的严重程度以及发展趋势超出其应急救援能力时，应及时报请上一级应急指挥机构启动上级应急预案。

4　处置措施

4.1　处置行动

交通事故发生后，现场负责人(或现场其他人员)在做好现场救护的同时，必须立即拨打110、119、120、122等社会报警电话及保险公司车险报案电话，发出警报信号和求救信号，并立即报告所在单位负责人。单位负责人按信息报告和响应程序，迅速上报，启动相关应急预案，组织接应救援，成立现场应急指挥部，由现场应急指挥部根据事故情况开展应急救援工作的指挥与协调，通知相关部门及应急救援机构提供保障，根据需要成立相应小组，指定小组成员，各小组按职责分工开展工作。

4.1.1　召集、调动救援力量

应急工作领导小组负责召集、调动救援队伍和相关保障小组，应急救援小组由现场指挥直接指挥，各应急救援小组接到现场应急指挥部指令后，立即响应，派遣事故抢险人员、物资设备等迅速在指定位置聚集，并听从现场指挥安排。

现场指挥按本预案的工作原则，迅速组织应急救援力量开展应急救援，并且要与参加应急救援的相关单位和部门保持通信畅通。

当现场应急救援力量和资源不能满足救援行动要求时，要及时向上级报告，请求调动和借助其他或者社会应急救援力量和资源。

4.1.2　现场处置

事故发生单位必须保护现场，封锁周边危险区域，急救伤员和保护财产。

4.1.3 医疗救助

各作业单位要根据应急预案和部门职责,依托当地政府医疗救援等专业队伍,根据需要及时求助开展现场救治工作。

4.1.4 应急人员的安全防护

现场应急救援人员应根据需要携带相应专业防护装备,采取安全防护措施,做好应急救援人员进入和离开现场的管理。现场应急指挥部根据需要具体协调、调集相应的安全防护装备。

4.2 现场应急处置措施

4.2.1 非责任交通事故应急处置

遇到交通事故,不要惊慌失措,要保持冷静,利用电话、手机拨打122交通事故报警电话(高速公路发生交通事故应拨打12122)和120急救中心报警电话和保险公司车险报案电话,并同时报告本单位负责人。

(1)报警时要说清发生交通事故的时间、地点及事故的大致情况;在交通警察到来前,要保护好现场,不要移动现场物品;遇到肇事车逃逸时,要记下车牌号码、车身颜色及特征,及时向当地公安机关举报,为侦破工作提供依据和线索。

(2)机动车在高速公路上发生故障或交通事故时,应在故障车来车方向150米以外设置警告标志,车上人员应迅速转移到右侧路肩上或应急车道内,并迅速报警。

(3)遇有人员受伤时,在求救无援的情况下,现场人员要尽可能将伤者移至安全地带;暴露的伤口要尽可能先用干净布覆盖,再进行包扎,以保护好伤口;利用身边现有的材料如三角巾、手绢、布条折成条状缠绕在伤口上方止血,等待救援。

4.2.2 驾驶员责任事故应急处置

(1)立即停车,严禁肇事后逃跑。

(2)立即抢救伤员。停车后应首先检查有无伤亡人员,如有死亡人员,确属当场死亡,应原位保护现场等候交警处理。如有受伤人员,应拦截过往车辆,送到就近医院抢救,同时要用白灰、石头、绳索等和将伤员倒地之位描出。如一时无过往车辆,应马上动用肇事车将伤员送往医院,并且要留人员看护现场,将肇事车各个车轮的着地点以及伤员倒地位描出。在抢救伤员中,如伤员身体某部位正压在车轮下,不得移动车辆,正确的做法是用千斤顶把车轿厢顶起,将伤员救出。

(3)保护原始事故现场。无论现场对己是否有利,都不应破坏、伪造,同时要制止对方伪造现场的企图。

现场保护的内容有:肇事车停位,伤亡人员倒地之位,各种碰撞碾压的痕迹,刹车拖痕,血迹及其他散落物品均属保护内容。

现场保护方法是:就地取材,如石灰、土、粉笔、砖石、树枝、木杆、绳索等,设置保护警戒线,禁止无关人员和车辆进入。对于过往车辆,应指挥其在不破坏现场的情况下,绕道通行,实在无法通过或车辆通行可能使现场受到破坏和危及安全时,可以暂时封闭现场,中断交通,待交警对现场勘察完毕后再行疏通。

(4)及时报案,在抢救伤员、保护现场的同时,应及时向当地交通管理部门报案和保险公司车险报案。同时向本单位领导或有关业务部门报告，报告内容有：肇事地点、时间、报告人的姓名、住址及事故的死伤和损失情况，交警到达现场后，一切听从交警指挥且主动如实地反映情况，积极配合交警进行现场勘察和分析等。

4.2.3　现场应急处置

单位领导接到事故报告后应立即亲赴现场，组织抢救工作，保护现场，维护秩序，调查事故发生的原因及经过，协同有关部门进行妥善处理。同时，要注意保护肇事驾驶员的安危。如驾驶员已经受伤也应立即送往医院治疗，如无受伤也要注意保护或暂时回避，避免事态扩大。

七、火灾事故专项应急预案

1 事故类型和危险程度分析

1.1 火灾事故分类

火灾主要分为两类:野外火灾与办公区火灾。

(1)野外火灾

当野外地质勘查作业处在林区、草原区等区域时,周边易燃物众多,若作业人员在作业场所作业或营区休息时,未采取开辟防火通道等防火措施,或个人防火意识淡薄,把未熄灭的烟头、火柴等扔在林地和荒草地上,野外生火取暖,烹煮食物和燃烧篝火未严格遵守有关规定确认扑灭后才离开,上述行为都极易引起野外森林或草原火灾,并可能导致财产的损失和人员的伤亡。

(2)办公区火灾

本单位办公场所、资料室、机房等场地,存放有办公用物品、图书档案纸质资料和各种电气设备,引发火灾的类型包括固体物质火灾和带电火灾,尤其是大量电机设备和资料室纸质易燃物发生火灾的风险和危害程度较大。火灾事故多发于冬季和春季。一般地质勘查类单位不存放大量易爆、有毒有害化学品,资料室和机房受到严格控制,消防设施配备和日常消防管理符合国家法律法规及相关标准,但单位内部存在发生火灾事故的安全隐患。

1.2 火灾事故分级

依据火灾事故严重程度和各级应急机构应对突发事件的能力,将地调院火灾事故应急分三级。

(1)Ⅰ级(重大):已经或可能死亡(含失踪)1人以上,或重伤3人以上(含3人),或直接经济损失20万元以上(含20万元),需由上级主管单位或当地政府处置的火灾事故。

(2)Ⅱ级(较大):已经或可能死亡(含失踪)1人,或重伤1人以上3人以下,或直接经济损失5万元以上(含5万元)20万元以下,需由省级地调院处置的火灾事故。

(3)Ⅲ级(一般):已经或可能造成重伤1人,或财产损失5万元以下,野外项目部能够处置的火灾事故。

2 组织指挥体系及职责

2.1 组织机构体系

野外地质勘查专项应急指挥体系由野外地质勘查事故指挥部,下设指挥部办公室、抢险救援组、后勤保障组、事故调查组等抢险救援机构(图 2-6)。

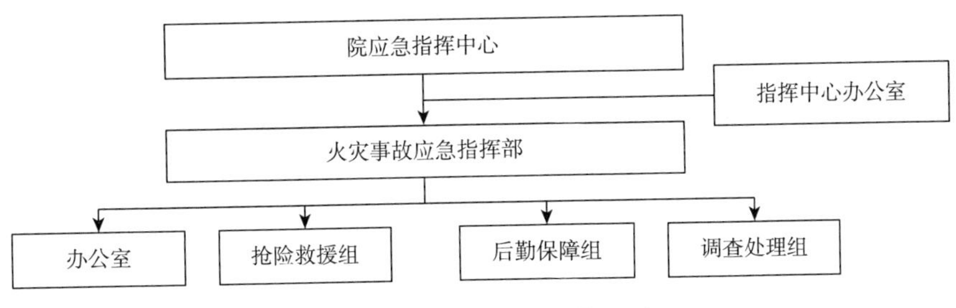

图 2-6　应急救援组织体系图

2.1.1　应急指挥部

在火灾事故发生后,院应急指挥中心暂未做出应急反应前,事故应急指挥部总指挥长暂由事发单位项目负责人代理,负责事故的前期应急反应。

院应急指挥中心做出反应后,依据国家安全生产法律法规,结合事故实际,正式成立火灾事故应急指挥部,一般任命名单如下:

(1)总指挥:院分管安全副院长;

(2)副总指挥:事发二级单位负责人、院安全管理办公室主任;

(3)成员:院部分职能部门负责人、事发单位副职、总工程师、项目负责人、项目技术负责人、专(兼)安全管理人员等。

(4)野外勘查事故应急指挥部成员名单及联系方式(略)。

2.1.2　办公室

应急指挥部下设办公室,负责指挥部日常事务处理,收集、报告安全生产信息,督促、落实指挥部的应急事项,建立和管理安全生产事故档案,组织、参与有关事故调查。办公室主任:一般由事发二级单位分管安全工作的副职兼任。

指挥部办公室人员组成及联系方式(略)。

2.1.3　抢险救援组

应急指挥部下设抢险救援组,负责组织相关力量采取有效措施,减缓、排除险情,控制灾情进一步扩大,同时负责现场搜救工作,搜索失踪人员、救护伤员、救援遇险人员。组长:一般由事发二级单位主管生产的副职担任。

抢险救援组的人员及联系方式(略)。

2.1.4　后勤保障组

应急指挥部下设后勤保障组,负责抢险通讯、医疗、物资设备、生活后勤、接待、现场保卫及灾民安置等后勤保障工作。组长:一般由事发二级单位分管后勤的副职担任。

后勤保障组的人员及联系方式(略)。

2.1.5　调查处理组

应急指挥部下设调查处理组,负责突发事件现场的治安警戒、群众疏导等工作,抢险救援活动完成后,与指挥部办公室一起对事故进行现场调查,完成调查报告上报院应急指挥中心。组长一般由事发二级单位技术负责人担任。

调查处理组的人员及联系方式(略)。

2.2 职责

2.2.1 火灾事故应急指挥部职责

(1)按照院应急指挥中心指令,启动和终止应急行动,负责现场应急指挥工作。

(2)收集现场信息,核实现场情况,对事态发展进行评估,根据事态发展制定和调整现场处置方案,并及时向应急指挥中心汇报应急处置情况。

(3)负责整合和调配现场应急资源,实施救援行动,并负责现场新闻发布工作。

(4)组织现场应急工作总结和成效评估。

2.2.2 火灾事故应急指挥部办公室职责

(1)指挥部正式成立后,负责指挥部日常事务处理,收集、报告安全生产信息,督促、落实指挥部的应急事项,建立和管理安全生产事故档案,组织、参与有关事故调查。

(2)负责与事发地各级政府及相关方的现场协调与沟通工作。

2.2.3 抢险救援组职责

(1)根据现场信息报告分析,确定事故灾难或突发事件的等级,依据事件等级或规模,组织实施抢险救灾方案。

(2)负责失踪人员搜救,负伤人员现场抢救,现场工程抢险,现场险情监测及处理。

2.2.4 后勤保障组职责

(1)根据应急救援指挥部确定的救援方案,为应急救援提供相应的资金、物资、设备、交通运输及所需人员调配保障。

(2)负责遇难人员家属的通知、接送及安抚等后勤保障工作。

2.2.5 调查处理组职责

(1)积极做好生产事故灾难及突发事件现场的治安警戒、现场秩序维护及群众疏散工作,确保各项应急救援工作正常有序进行。

(2)根据所发生事故及事件的等级和规模,与办公室一起负责安全事故或突发性事件简要报告的起草,经应急救援指挥部审查同意,在规定时间内,向事发地安监部门、企业所在地人民政府、院应急指挥中心及项目投资人报送。

(3)现场调查工作结束后,一周内向应急救援指挥部提交正式报告,经总指挥批准,向上级相关部门报送。

3 处置程序

3.1 信息报告与通知

院管辖范围内发生人身伤亡、财产损失等突发事件后,事故现场人员应立即报告本项目或部门负责人。事故发生项目或部门负责人接到报告后,应立即报告院应急指挥中心办公室、院主要负责人,两小时内向应急指挥中心办公室提交书面报告(传真或电子邮件)。

报告内容主要包括:时间、地点、事件的简要经过、遇险人数、直接经济损失的初步估计、事件性质、影响范围、事件发展趋势和已经采取的措施等。在应急处置过程中,要及时续报有关情况。不得迟报、谎报和瞒报。

事故上报后，又出现新的情况，应及时补报。

3.2 信息的上报与传递

发生突发事件后，应急指挥中心根据应急办公室统计到的事件性质、影响范围、时间发展趋势等情况，据实向省级地矿局报告，同时在1小时内上报当地人民政府及其相关职能部门。

同时事故发生后，事故发生单位负责人应按照应急预案和现场处置方案及时采取措施，并根据事件性质、严重度和自救能力及时请求社会救援力量。

湖北省地矿局应急值班电话(略)。

政府应急指挥机构和社会救助机构联系方式(略)。

3.3 响应分级

按照火灾事故的可能性、严重程度和影响范围，应急响应分为Ⅰ级响应、Ⅱ级响应、Ⅲ级响应。

3.3.1 Ⅰ级应急响应

发生影响、后果相当于院Ⅰ级(重大)突发事件的火灾事故后，按照规定由省地矿局或政府应急管理机构统一指挥，院野外勘查事故应急指挥部先期开展应急救援工作，并配合上级应急指挥中心工作。

3.3.2 Ⅱ级应急响应

发生影响、后果相当于院Ⅱ级(较大)突发事件的火灾事故后，由院应急指挥中心统一指挥、协调，野外勘查事故应急指挥部进行应急处置。

3.3.3 Ⅲ级应急响应

发生影响、后果相当于院Ⅲ级(一般)突发事件的火灾事故后，由事故发生二级单位或项目组，启动本单位的应急预案、项目现场处置方案进行处置。处置情况及时上报至地调院应急指挥中心办公室。

3.4 响应程序

3.4.1 分级响应程序

(1)Ⅰ级应急响应程序

①事发单位先期成立火灾事故应急救援指挥部，开展现场应急救援，并及时报告院应急指挥中心办公室；

②院应急指挥中心按照应急报告程序及时向省地矿局和当地市一级人民政府应急管理机构上报事件情况，并及时续报事件发展态势；

③在上级应急管理机构采取应急行动前，院应急指挥中心启动本应急预案，统一指挥、调用本单位应急资源，正式成立火灾事故应急救援指挥部进行紧急处置，防止事故的扩大。

(2)Ⅱ级应急响应程序

①事发单位先期成立火灾事故应急救援指挥部，开展现场应急救援，并及时报告院应

急指挥中心办公室；

②院应急指挥中心成员到位，及时掌握事件发展态势和现场救援情况，并正式成立火灾事故应急救援指挥部，派驻相关应急人员，下达关于应急救援的指导性意见；

③应急指挥中心办公室根据现场应急指挥部办公室传达的救援消息，向上级有关应急管理机构报告事故应急处置情况，并及时续报事态发展和现场救援情况。

(3)Ⅲ级应急响应程序

①事发单位先期成立野外勘查事故应急救援指挥部，开展现场应急救援，并及时报告院应急指挥中心办公室；

②火灾事故应急救援指挥部根据地调院应急指挥中心授权启动事发单位应急预案或处置方案，指挥、协调当地应急资源，组织实施应急救援；

③应急指挥指挥中心办公室进入预备状态，做好相应应急准备。

3.4.2　扩大响应

院应急指挥中心根据现场火灾事故应急指挥部汇报的事故应急处置情况，当突发事件的严重程度以及发展趋势超出其应急救援能力时，应及时报请上一级应急指挥机构启动高等级的应急预案。

4　处置措施

及时拨打火警电话119，报告灾情。现场灭火救援指挥部根据灭火救援工作实际，确定作战意图，制定具体实施方案，展开灭火救援工作。其基本处置措施如下：

(1)进行火情侦察，确定燃烧物质和有无人员被困；

(2)开辟救生通道，抢救被困人员、疏散围观群众；

(3)划定警戒区域，实行交通管制；

(4)迅速控制危险源，对现场进行不间断监测，防止次生灾害的发生，并按既定灭火救援方案展开灭火战斗；

(5)确定水源位置，搞好火场供水；

(6)选择好灭火阵地，保护起火点，减少水渍损失；

(7)疏散和保护物资；

(8)必要时采取火场破拆、排烟和断电措施；

(9)检查火场，消灭余火，清点人员和装备，结束战斗；

(10)保护现场，进行火灾原因调查及损失核定。

八、物业公司生产安全事故专项应急预案

1　事故类型和危险程度分析

由于人为因素、设备因素、环境因素、管理上的缺陷、自然灾害等不安全因素的客观存在，以及从业人员对生产及服务过程中存在危险有害因素认识不足，特别是物业管理，服务范围涉及居民日常生活的方方面面，一旦发生事故往往具有突发性、紧迫性、扩散迅速、涉及面广、涉及人员众多、社会影响性大等的特点。

(1)出租房屋、场所以及居民楼房存在火灾、人员踩踏、建筑物坍塌等危险因素；

(2)人员密集场所、大型群众性文娱活动，存在火灾、人员踩踏、舞台坍塌等危险因素；

(3)经营、施工维修厂(点)存在机械伤害、起重伤害、火灾、爆炸、物体打击、职业病危害等因素；

(4)机动车道路交通伤害因素；

(5)其他危害。

2　应急组织机构及职责

2.1　应急组织体系

建立完善的应急机构组织体系，包括公司应急管理的领导机构、应急响应有关专业小组等(图 2-7)，是保证应急救援工作的反应迅速、协调有序的关键。体系的建设应坚持统筹规划、资源共享、分级负责的基本原则。

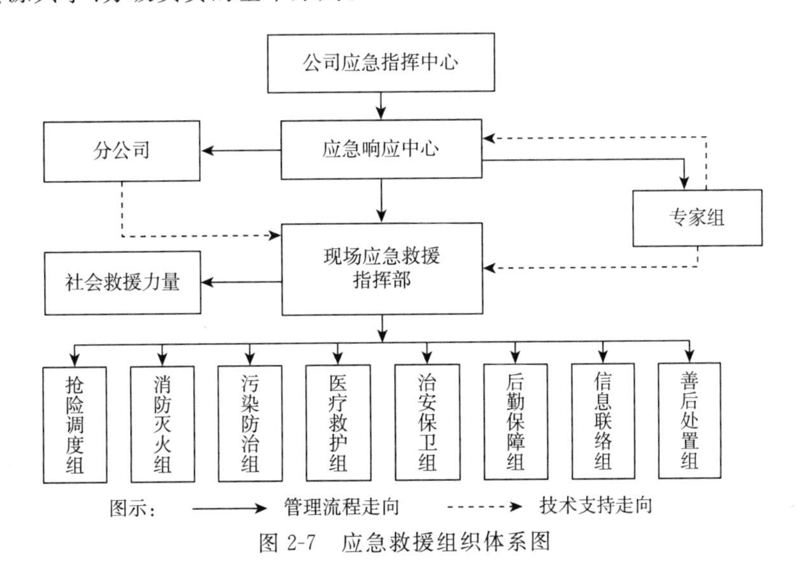

图 2-7　应急救援组织体系图

2.1.1 应急救援指挥中心

总指挥:总经理;

如有特殊情况总经理不能到位时,由公司分管安全生产工作的副经理代任;

常务副总指挥:分管安全生产的副经理;

副总指挥:相关分管副经理和工会主席;

成员由公司办公室、工会、安全管理部、资产管理部、人力资源部、工程(房产等)管理部、事故发生所在单位主要负责人组成。

以上指挥中心组成人员以工作岗位设置为准,不因现任人员的变动而改变。

2.1.2 应急救援指挥中心办公室

成立事故应急救援指挥中心办公室,作为公司应急响应中心执行机构以及安全生产应急管理的日常工作机构。

指挥中心办公室主任由公司安全管理部主任担任;副主任由公司行政办公室主任担任。

2.1.3 现场应急救援指挥部

现场应急救援指挥部是负责公司现场应急救援指挥的中心,现场指挥由公司应急指挥中心指派。

2.1.4 应急救援专业技术小组

指挥中心根据发生事故的性质和应急救援工作的需要,成立应急救援专业技术小组,分别由公司安全管理部、公司的专业管理和工程技术人员组成,在指挥中心的领导下开展应急救援工作。

发生具有特殊专业技术性质事故情况时,可聘请外部有关专家参与专业技术小组工作。

2.2 指挥机构职责

2.2.1 公司应急指挥中心职责

(1)组织有关部门制订公司事故应急救援预案,并按照应急救援预案开展抢险救灾工作,力争将损失减少到最低程度。

(2)确定事故应急救援目标及实现目标的策略,批准实施书面或口头的事故应急预案的启动和停止命令,负责救援人员和应急队伍的调动。

(3)确定现场应急救援指挥人员,制定事故状态下各级人员的职责。

(4)统一部署应急救援预案的实施工作,并对应急救援工作中发生的争议采取紧急处理措施;高效地调配现场资源配置、落实保障人员安全与健康的措施,指挥管理现场所有的应急行动。

(5)根据事故受害情况,有危及周边单位和人员险情时,组织人员和财产疏散工作。

(6)及时、如实地向上级报告事故信息,配合上级部门进行事故调查工作,并负责保护事故现场及相关数据。

(7)做好稳定基地社会生活秩序和伤亡人员的善后处理工作。

(8)做好应急救援物资和装备的配备以及应急救援经费的预算、使用、管理工作。

（9）组织应急预案的演练，根据情况的变化，及时对预案进行调整、修订、补充、终止。

2.2.2　公司应急救援指挥中心办公室职责

（1）承担应急救援指挥中心的日常事务处理，负责与上级、地方政府有关部门的协调联络工作，并向指挥中心提出相关工作建议。

（2）负责指挥公司命令的下达及执行情况的跟踪反馈。

（3）及时向指挥中心汇报存在的重大安全隐患及安全事故详细情况。

（4）根据上级指示以及全公司系统重大危险源的变化情况，制定相应的应急救援保障预案，并定期组织修改。

（5）组织起草、修改公司应急救援保障的相关管理办法和规定。

（6）在发生生产安全事故时，根据应急预案及时提出处置意见，并报指挥中心批准实施。

（7）按照指挥中心下达的应急救援工作计划，督促检查各二级单位应急救援计划的制定和执行情况。检查预案的模拟演习，评估预案的科学性和有效性。

（8）负责组织和完成各种事故信息的收集、整理、报告，事故（险情）信息的发布工作和应急通讯保障任务。

（9）办理指挥中心交办的其他工作。

2.2.3　现场应急救援指挥部职责

（1）负责指挥所有参与应急救援的队伍和人员实施应急救援，针对事态发展制定和调整现场应急抢险方案。

（2）根据事故性质、发生地点、涉及范围、人员分布、救灾人力和物力，制定抢险方案和安全措施。

（3）随时同事故现场指挥人员保持联系，发布救援命令。

（4）负责整合调配现场应急资源。需要外部力量增援的，报请公司应急救援指挥中心及所在地政府协调，并说明需要的救援力量、救援装备等情况。

（5）收集现场信息，核实现场情况，保证现场及时向公司应急救援指挥中心及所在地政府报告事故及救援情况。

（6）提供现场应急工作总结报告。

2.2.4　专业技术小组职责

（1）负责根据本预案制订重特大事故应急处置专业技术方案，发挥在应急准备和应急救援工作中对指挥中心重要的参谋作用。

（2）组织并参与对全公司系统潜在重大危险源的评估、事态及发展趋势的预测。

（3）对应急资源的配备、应急力量的调整和部署、个人防护、公众疏散、抢险、监测、现场恢复等行动提出决策性的建议。

（4）为现场应急救援决策提供所需的各类信息和技术支持。

（5）配合事故调查组对事故发生的原因、事故性质及危害程度和直接经济损失进行调查，并提出意见和建议。

（6）完成指挥中心交办的其他任务。

2.2.5 各成员单位职责

(1)行政办公室职责

①负责指挥中心处理事故方案、决定的记录、汇总、传递、发布工作;

②负责发生事故后各成员单位的组织、联络、协调工作;

③负责指挥中心所需各种车辆、通讯、办公等设备的保障工作。

(2)安全管理部职责

①会同有关单位负责组织事故现场的抢救和应急处置工作;

②牵头负责事故调查组的工作,落实整改措施;

③负责及时、如实地组织向上级的事故报告工作;负责会同事故发生单位与当地安全监督管理等部门的联系。

④参与公司综合应急预案及各专项应急预案的编写、审核、修订工作。

(3)工程管理部职责

①牵头负责应急救援专业技术小组的日常工作,提供事故应急救援的技术支持,参与公司应急预案风险描述、处置措施等内容的编制;

②负责指导各项目部事故应急处置时工艺技术措施的确定;

③参加事故调查。

(4)资产管理部职责

①负责确保事故抢险和事故处理所需要的设施、资金;

②参加事故的调查处理工作。

(5)人力资源部职责

①及时上报并办理伤亡人员的工伤保险事宜;

②牵头负责组织受灾人员的安置工作;

③组织落实救灾队伍,配合做好事故善后的处理工作。

(6)工会、党群工作部、纪检、审计等以及其他部门的职责

①负责安抚受伤人员,做好群众的宣传、稳定工作;

②负责与新闻媒体沟通,正确引导公众舆论等;

③工会、纪检部门参加事故的调查处理工作;

④审计部门参与事故损失评估工作。

(7)事故发生所在单位职责

①负责组织制定、实施并定期演练本单位事故应急救援预案,建立应急救援组织、指定应急救援人员;

②加强对本单位危险源的检测、评估和控制;

③及时汇报可能造成事故的信息和情况,服从全公司系统事故应急救援指挥中心的统一指挥,负责本单位内事故的应急救援工作;

④协助做好事故区域的警戒和交通管制,维护事故现场及周围地区的治安秩序,及时做好周围居民及有关人员的紧急疏散撤离;

⑤配备必要的应急救援器材、设备并进行经常性的维护、保养;负责组织本单位救灾人员、物资、设备、水、电、通讯等保障;

⑥负责本单位受灾人员的安置工作；

⑦保证本单位应急救援组织或应急救援人员，在一旦发生事故后，按照预案要求和职责迅速、有效投入抢救工作，采取有效措施，防止事故扩大；并及时按规定向公司应急救援指挥中心办公室报告事故；

⑧配合事故调查；

⑨负责会同公司应急救援指挥中心办公室与当地安全生产监督管理和公安等部门的联系；

⑩其他应急救援指挥中心分配要做的工作。

(8)发生事故现场基层单位职责

①负责事故现场发生事故时的抢救工作；

②第一时间向110、119、120、上级主管部门、当地政府求援和报告灾情；

③要利用各种通信工具和手段，上报事故情况，并采取应急措施；

④严格执行出入事故现场的检查制度，闲杂人员不得入内。

2.2.6　现场应急救援专业小组职责

根据发生事故的性质和应急救援工作的需要，成立若干应急救援专业技术小组，按照职责分工参加抢救工作，及时处理生产事故。

(1)抢险调度组：发生事故后立即通知相关部门和单位赶往事故现场，并按总指挥下达的指令协调各部门的工作。

(2)消防灭火组：按灭火方案要求，执行掩护、冷却和灭火任务。

(3)污染防治组：负责事故现场泄漏油品和其他危险物质的堵截，组织人员清理对有害物质扩散区域内的无害化处理和监测工作。

(4)医疗救护组：寻找受伤人员和现场救护，为现场救援人员提供技术支持和医疗咨询。

(5)治安保卫组：组织现场人员和周围居民疏散，保证安全撤离。

(6)后勤保障组；负责抢险救灾物资的及时供应和运输。

(7)信息联络组：保持与政府新闻主管机构和新闻媒体的联系，策划对外信息发布的内容与方式；负责抢险救援过程和事故资料摄影、摄像及文字记录。

(8)善后处置组：负责事故调查评估、事故现场恢复以及伤亡人员家属的安抚等工作。

3　处置程序

3.1　信息报告

3.1.1　信息接收与通报

公司所属单位(部门)要落实应急值班制度，明确应急值班人员、设置24小时值守电话，电话号码(略)。

当生产安全事故发生后，相关人员必须立即报告本单位负责人。由公司负责人立即上报至公司应急指挥中心办公室。

情况紧急时，事故现场有关人员可以直接向公司应急指挥中心办公室报告。

3.1.2 信息上报

(1)事故信息上报采取逐级上报的原则。

(2)信息上报内容包括：事故发生单位概括；事故发生的时间、地点以及事故现场情况；事故的简要经过；事故已经造成或者可能造成的伤亡人数(包括下落不明的人数)和初步估计的直接经济损失；已经采取的措施；其他应当报告的情况。

(3)根据生产安全事故的性质，公司应急指挥中心按照国家规定的程序和时限，及时报告。

3.1.3 信息传递

事故发生后，公司应急指挥中心办公室接到生产安全事故报告后，立即向公司应急指挥中心报告、请示并即刻传达指令，通过电话或派遣专人的方式，按照指令迅速通知公司的其他职能部门和由于所发生的事故而影响到的其他单位和部门。

3.2 应急响应

根据事故性质、严重程度、事态发展趋势和控制能力实行分级应急响应机制；对不同的响应级别，要相应地明确事故的通报范围、应急公司的启动程度、应急力量的出动和设备、物资的调集、疏散的范围等。

公司的应急救援响应级别分为四级：

(1)Ⅰ级应急响应

一次造成3人及以上死亡，以及可能对附近居民和公众有健康和安全影响的危及5人以上生命安全的事故；6人以上中毒、窒息(或重伤)的事故；需要紧急转移安置50人以上的事故；或者直接经济损失500万元以上的事故，以及超出公司应急处置能力的事故，为Ⅰ级响应。

(2)Ⅱ级应急响应

一次造成1～2人死亡，以及可能对附近居民和公众有健康和安全影响的危及3人以上生命安全的事故；需要紧急转移安置20～49人的事故；或者直接经济损失100万元及以上、500万元以下的事故，为Ⅱ级响应。

(3)Ⅲ级应急响应

发生重伤4人以上(含4人)的事故，需要紧急转移安置20人以下的事故；或者直接经济损失20万元及以上、200万元以下的事故，为Ⅲ级响应。

(4)Ⅳ级应急响应

发生重伤1～3人，或者直接经济损失2万元及以上、20万元以下的事故，为Ⅳ级响应。

事故等级划分按《生产安全事故报告和调查处理条例》(国务院第493号令)的规定执行。

3.3 响应程序

(1)事故应急救援系统的应急响应程序按过程分为：接警与通知、指挥与控制、报告与公告、通讯、响应级别确定、应急行动、应急启动、救援行动、事态监控与评估、应急恢复和应急结束等。

(2)发生事故以后,事故单位必须以最快速的方法迅速发出警报信号(拨打110、119、120电话),同时立即将所发生事故的情况报告公司应急救援指挥中心办公室。可先采取口头报告,在事故发生24小时内再以书面报告形式及时报告。

(3)接警人员必须准确地向报警人员询问事故现场的重要信息,要求报警内容提供准确、简明的事故现场情况,包括事故类型、性质、所发生事故的单位、时间、地点、简要情况、伤亡人数、直接经济损失的初步估计及采取的应急措施,并同时纪录报警人的姓名、联系方式,以此作为启动应急救援的初始信息。

(4)任何单位和个人对事故,不得隐瞒、缓报或者授意他人隐瞒、缓报、谎报。

(5)紧急情况发生后,公司主要领导必须在第一时间赶赴现场,事故单位主要负责人和现场人员应当积极采取有效的抢救措施,进行全方位的抢险救援和应急处理。事故单位主要负责人在抢险救援和事故处理期间不得擅离职守。

(6)公司应急救援指挥中心办公室接到事故报告后,必须立即报告指挥中心总指挥和常务副总指挥,由总指挥按本预案规定,迅速召集指挥中心成员,同时通知有关成员单位迅速赶赴现场;合理调配各种应急资源,确保有效投入到应急救援过程中。

(7)事故发生单位在进一步确定事故未能有效控制时,超出事故发生单位的应急处置能力,公司应急救援指挥中心应及时研究并向局请示扩大应急;启动局级或更高一级的事故应急救援行动。

4　处置措施

4.1　现场保护

(1)事故发生后,事故发生现场有关单位必须严格保护事故现场,并迅速采取必要措施抢救人员和财产。

(2)因抢救伤员、防止事故扩大以及疏通交通等原因需要移动重要物件时,必须做出标志、拍照、详细记录和绘制事故现场图,并妥善保存现场重要痕迹、物证等。

4.2　现场抢险

(1)根据事故现场情况,事故所在单位要设定警戒区域范围,并维持事故区域的社会秩序,控制人员和车辆进出通道;预防和制止各种破坏活动;协助有关部门对肇事者等有关人员应采取监控措施。

(2)对现场受伤人员进行营救,并转移至安全区,配合当地医院对伤员进行抢救、输送、护理。

(3)组织抢险队伍,控制危险源,进行事故扑救,并监控和保护周边具有危害性质的危险点,防止二次事故发生。

(4)通过信号、广播等形式,引导群众进行疏散、自救。

(5)密切注视事故发展和蔓延情况,如事故呈现扩大趋势,超出响应级别,无法得到控制时,要立即向上级请求实施更高级别的应急响应;同时,及时向地方政府或公司应急救援指挥中心报告，启动上一级应急救援预案，组织更多、更有力的应急救援力量参与抢险、救援行动。

（6）事故发生单位等应保证应急救援物资的调配和车辆的运输以及通信的畅通。

（7）在抢险救灾过程中各级指挥机构有权紧急调用物资、设备、人员和占用场地，任何组织和个人都不得阻拦和拒绝。

4.3　道路交通事故

发生事故后，及时报警，协助有关部门在快速全力抢救伤员的同时，要认真做好事故现场的保护工作。

4.4　建筑物坍塌事故

事故发生后，应立即组织开展抢险工作，及时向上级报告，制定抢险措施，调集抢险队伍和施工机械，搜寻遇难和幸存人员。在抢救的过程中，要密切监控，防止建筑物、设施、设备的继续坍塌。

4.5　火灾事故

（1）扑救初期火灾。在火灾尚未失控之前，应使用一切可利用的灭火手段及设施进行灭火，控制火势蔓延，防止事态扩大。

（2）当火灾呈扩大趋势时，立即拨打火警电话 119 报警，说明事故发生地点及现场情况，并同时向上级报告。首先组织人员从安全通道疏散群众，再抢救贵重物资，对具有爆炸和有毒气体泄漏的场所，应及时疏散周边人员。

（3）火灾扑灭。根据不同火灾可采取以下扑救火灾的方法：

①隔离法：将可燃物与火隔离。

②窒息法：将可燃物与空气隔离。

③冷却法：降低燃烧物的温度。

4.6　急性中毒(基地饮用水受到污染)事故

（1）发生急性中毒事故，应根据中毒特点，迅速与当地卫生防疫部门取得联系，及时关闭基地供水总阀门，寻求清洁水源，并组织急救人员开展抢救工作。

（2）迅速查清中毒原因，及时采取相应措施，防止事态扩大。

4.7　人员密集场所突发事故

（1）人员密集场所突发事故后，应立即向上级报告，按照专项应急预案，即《人员密集场所突发事故专项应急预案》开展抢救工作。

（2）通过一切可利用的广播手段，告知广大群众疏散的方向、路线，进行有序疏散，防止产生踩踏。

（3）组织人力，进行现场搜寻和事故抢救，向医院转送伤员等。

（4）在救援过程当中，要密切监控，防止次生事故发生。

九、海外突发事件专项应急预案

1　事故类型和危害程度分析

单位概述示例：××单位在×××等国共拥有×家境外施工单位，分别为×××××。主要从事的工作任务包括：×××××。

1.1　事故类型及主要危害

1.1.1　主要危害

(1)自然环境引发的伤害

主要指恶劣的自然环境造成的风险，一般发生在远离城镇村庄、人烟稀少的地区。主要包括：

①交通不便，由此引起的迷路、陷车、人员失踪等；

②恶劣的自然环境。如沙漠和荒漠地区，气候炎热干燥、缺少水源，风沙大、沙尘暴肆虐；

③突发的暴雨、洪水、滑坡、泥石流等灾害；

④野兽、毒蛇和有毒植物、昆虫等的伤害。

(2)疫病引发的伤害

指各种恶性传染病的发生，主要包括：疟疾、黄热病、霍乱、艾滋病等。

(3)政治、社会事件引发的伤害

主要指由一国政治因素不稳定所导致的风险。主要包括：

①政变、骚乱、武装冲突、内战等；

②某些极端组织为达到一定政治目的而进行的恐怖袭击、绑架、暗杀等：

③一些组织和个人为达到某些经济目的而实施的绑架、抢劫活动；

④宗教、民族、文化冲突等。

(4)生产安全事故引发的伤害

依据《企业职工伤亡事故分类》(GB 6441—86)，境外单位存在的事故类型主要有物体打击、车辆伤害、机械伤害、起重伤害、触电、淹溺、灼烫、火灾、高处坠落、坍塌、锅炉爆炸、容器爆炸、中毒和窒息等14种。

1.1.2　事故危害程度

由于境外作业区域自然环境的特殊性，作业现场安全生产条件不规范、标准，雇用的当地人员对管理制度的熟悉和执行力不够以及出国人员对作业区域环境的适应性不够，加之可能突发的自然灾害事故、恶性传染病、突发政治事件如恐怖主义、民族、种族和宗教冲突、政局动荡、社会治安差等风险，这诸多的不利因素的影响，极易发生社会安全事件可能对作业人员造成人身伤害或造成重大财产损失，如多人感染恶性传染病、引发与当地居民的民族冲突、发生生产安全伤亡事故等，如处理不及时或措施不当，甚至会造成群死群伤等影响巨大的事件。

1.2　防范措施

1.2.1　完善规章制度

公司和所属具有境外工程的二级单位，必须制定健全境外作业安全生产管理制度。境外项目部要结合所在国家（地区）的法律、法规、风俗民情、当地治安状况等，制定完备的各类管理办法，规范各类安全生产行为，强化安全生产监管。

1.2.2　加强对外联系

合同甲方为外国公司的境外项目部要报知我国驻所在国的使（领）馆经济商务参赞处，并与当地政府相关部门、警察、医疗机构建立突发事件的应急联系渠道，建立同当地中资公司、友邻单位的应急联系渠道，以便在发生突发事件时，及时取得各方的援助与支持。合同甲方为中国公司的境外项目部依托甲方建立上述联系。境外项目部制定的对外联系制度必须报知公司备案。

合同甲方为外国公司的境外项目部必须按照我国驻所在国的使（领）馆经济商务参赞处相关规定注册登记，向当地移民局注册登记要及时、准确，分清项目部全体人员所持签证类型，以便于中国使（领）馆和当地政府、警察、安全部门在突发社会安全事件后，及时有效地开展救援工作。合同甲方为中国公司的境外项目部可依托甲方进行上述工作。

1.2.3　强化风险预控

境外单位要针对驻在国（地区）的国情、法规等具体情况，制定切实可行的应急预案并加以演练。对于存在较大潜在危险地区的工程，在派遣员工时适当考虑聘请当地安全顾问。密切关注所在国和毗邻地区社会治安动向。发现周边有可疑情况，及时采取应对措施并向我国使（领）馆和当地政府报告。

以安全第一的原则依据当地实际情况选择驻地，以适当的渠道沟通工作地区毗邻的居民关系，尊重当地员工，平等相待，和睦共处。建立驻地与工地安全保卫制度，安排专职人员负责驻地与工地安全保卫工作，防范重点部位要根据实际情况确定，与驻地安全、警察部门密切协作，确实保障驻地和工地人员和财产的安全。

1.2.4　做好应急值守

境外项目部必须安排值班室，指定专人负责值班，设立值班电话和备用值班电话。特殊时期（发生突发社会安全事件或红色、橙色预警时）必须保证通信渠道畅通，24小时有人值班，并能与公司本部、合同甲方、我国驻该国使（领）馆随时保持联系。

境外项目部要定期向公司本部汇报项目进展和我公司人员投入情况，合同甲方为外国公司的境外项目部也要定期向驻该国使（领）馆汇报项目进展和我公司人员投入等有关情况。发生突发社会安全事件、施工安全事件必须在第一时间上报公司本部，取得公司的指导和支援。合同甲方为中国公司的境外项目部可依托甲方进行上述工作。

1.2.5　人身安全管理

境外项目部严格执行外出请销假制度，非工作需要应减少外出，特殊时期必须执行两人以上同行制度。外出人员要携带通信工具，以便保持联系。外出归来，必须销假。逾时未归者，负责人要立即查清情况，采取相应措施。

境外工程项目部要为所有本公司境外工作人员投保海外人身意外伤害保险，并监督分包单位为其员工投保海外人身意外伤害保险。一旦发生意外，确保有充足的资金保障，及时解决人员医疗救助费用，以减少企业的负担（投标时，必须考虑此项成本费用）。

1.2.6 施工安全管理

要从出国前开始，始终坚持做好安全教育培训工作。组织相关人员认真学习当地法律，了解当地民俗习惯和宗教信仰，了解所在国家的政局风险，了解所在地的自然灾害情况，学习公司及上级安全管理制度，辨识施工安全风险，提高员工防范风险的意识。

建立健全境外单位和项目部安全管理办法，严格执行公司及上级安全管理制度，严格遵守当地安全管理规定，内部安全施工管理严格按照公司安全生产管理体系要求运行，确保安全生产。

2 应急指挥机构及职责

境外施工单位应根据应急预警级别或所发生生产安全事故情况确定事故等级并启动相应级别应急响应，其应急指挥机构及职责如下。

2.1 局(院)、控股公司级应急指挥中心

总指挥：单位第一责任人。

副总指挥：分管安全生产工作的副职、分管国际事务的副职。

成员：安全管理部门、国际合作部门、办公室（含汽车队）、工会、人力资源部门，资产财务部门、技术质量管理部门、审计监察部、法律事务部、保卫管理等部门和事故发生单位主要负责人。

应急指挥中心办公室设在安全管理部门，安全管理部门负责人兼任办公室主任。

以上指挥中心组成人员以工作岗位设置为准，不因现任人员的变动而改变。

局(院)、控股公司级应急指挥中心及局属二级单位应急指挥中心职责：

(1)组织编制应急规划与应急预案；

(2)按响应级别决定启动或关闭应急预案；

(3)协调指挥应急救援行动；

(4)做好应急救援信息报告与发布；

(5)开展应急总结与表彰、奖惩工作；

(6)开展应急培训与应急演练工作；

(7)完成上级应急指挥机构交办的任务。

2.2 局属二级单位应急指挥中心

总指挥：单位第一责任人。

副总指挥：分管安全生产工作的副职、分管国际事务的副职。

成员：安全管理部门、国际合作部门、办公室（含汽车队）、工会、人力资源部门，资产财

务部门、技术质量管理部门、审计监察部、法律事务部、保卫管理等部门和事故发生单位主要负责人。

应急指挥中心办公室设在安全管理部门，安全管理部门负责人兼任办公室主任。

职责：(略)。

2.3 境外单位应急指挥小组

现场指挥：安全生产第一责任人。

现场副指挥：安全生产分管领导。

指挥部下设 7 个应急救援小组，主要人员构成如下：

(1)信息联络组：组长由境外单位负责与外事单位联系人员担任，成员包括境外单位办公室及应急指挥小组指定的信息发布人员等组成。

主要职责是：负责与外事机构及上级应急指挥中心联络；按应急指挥负责人安排负责与新闻媒体等联系以及相关事故信息发布；传达应急指令并沟通应急信息；提供必要的事故抢险、救护信息，配合事故调查组做好事故现场有关证据的采集工作。

(2)现场抢险组：组长由安全生产管理部门负责人担任，成员由工程技术人员、安全管理人员、项目负责人、兼职救护队人员等组成。

主要职责是：组织实施抢险行动方案，协调有关部门的抢险行动；及时向指挥部报告抢险进展情况。

(3)安全保卫组：组长由保卫部门负责人担任，成员由现场值班人员、现场治安保卫人员组成。

主要职责是：负责事故现场的警戒，阻止非抢险救援人员进入现场，负责现场车辆疏通，维持治安秩序，负责保护抢险人员的人身安全。

(4)后勤保障组：组长由设备或资产管理部门负责人担任，成员由办公室人员、设备管理人员、资产管理人员等组成。

主要职责是：负责调集抢险器材、设备及其他资源；负责应急抢险通信、交通等保障工作。

(5)医疗救护组：组长由专(兼)职医疗卫生人员担任，成员由其他具备医疗常识和具备现场救护能力的人员等组成。

主要职责是：负责现场伤员的救护等工作。

(6)善后处理组：组长由工会负责人担任，成员由工会成员、办公室相关人员等组成。

主要职责是：负责做好对遇难者家属的安抚工作，协调落实遇难者家属抚恤金和受伤人员住院费问题；做好其他善后事宜。

(7)事故调查组：组长由安全分管领导担任，成员由安全技术专家、安全管理部门负责人、工会负责人、审计和纪检人员组成。

主要职责是：负责对事故现场的保护和图纸的测绘，查明事故原因，确定事件的性质，提出应对措施，如确定为事故，提出对事故责任人的处理意见。

3　处置程序

3.1　信息报告

发生预警范围内紧急事件后，境外单位负责人必须在第一时间向公司应急管理领导小组和项目所在国使(领)馆相关部门口头报告，书面报告须在两小时内报送公司。公司应急管理领导小组在接到报警后，应立即向总局报告。

发生预警范围内紧急事件时，境外项目部须在第一时间向当地政府有关部门报告，并通报甲方，取得甲方支持。

3.1.1　初次报告

境外项目部在事件发生时或者接到事件发生报警后，由项目负责人立即报告公司应急管理领导小组(人员组成略)、我国使(领)馆、当地政府相关部门(紧急联系方式略)。并在两个小时内向上述单位提交书面报告。报告内容为事件发生的时间、地点、范围、性质、涉险人员情况，潜在危险及其他基本情况。

3.1.2　进程报告

在突发事件的发展过程中，境外项目部每天至少要向公司应急管理领导小组书面报告一次。

公司本部在规定的时限内，向上级、政府有关部门提交事件进程报告。

社会安全事件发生突然变化或恶化升级，须即时报告。报告内容除了对初次报告的补充、修订以外，以事件处置情况为主。

3.1.3　结案报告

事件终止后，由境外项目部向公司应急管理领导小组提交事件结案报告。公司本部依据规定向上级、政府相关部门提交报告。

3.1.4　信息发布

境外突发事件的信息发布，由公司应急管理领导小组依据上级、政府相关部门指令进行。

境外突发事件信息当地发布，由境外项目部请示使(领)馆以及公司应急管理领导小组后进行。

3.2　分级响应

3.2.1　预警及响应分级

依据危急事件可能造成的危害程度、紧急程度和发展势态，预警和响应级别划分为四级：Ⅰ级(特别重大)、Ⅱ级(重大)、Ⅲ级(较大)和Ⅳ级(一般)，依次用红色、橙色、黄色和蓝色表示。根据事态的发展情况和采取措施的效果，预警颜色可以升级、降级或解除。

生产安全事故的预警及响应级别参照上级单位国内事故级别启动应急响应。

(1)红色等级——Ⅰ级响应(特别重大)

指标迹象：情报显示突发事件(极端恶劣天气、地震、海啸、台风、洪水)威胁逼近，或局部地区发生冲突、战乱，或情报证实即将发生武装或恐怖袭击。当地出现甲类传染病病例。

参考指标：恐怖袭击、局部战争或政府军事行动在工程所在地展开；突发事件造成人员伤亡，经济损失人民币1000万元以上。施工生产造成或可能造成一次死亡10人及以上人身死亡事故，特大或对公司产生严重负面影响的设备损坏和财产损失事故等。项目部发生大面积严重食物中毒或甲类传染病等事件。

行动：境外项目部应立即做好应急准备，警告项目全体人员减少外出或不去危险地区。启动应急预案，备足应急物资，采取各项措施保护员工生命财产安全，必要时做好撤离准备。

(2)橙色等级——Ⅱ级响应(重大)

指标迹象：情报显示有发生突发事件(极端恶劣天气、地震、海啸、台风、洪水)的现实可能性，或局部地区发生冲突、动荡。当地出现乙类传染病病例。

参考指标：工程所在地发生小规模的部族冲突、民族冲突、宗教事件、社会骚乱，经济损失人民币200万～1000万元。施工生产造成或可能造成一次死亡3～9人，或一次死亡和重伤10人及以上人身事故，或重大设备损害和财产损失事故等。发生多人严重食物中毒或乙类传染病等事件等

行动：有关部门注意收集情报，跟踪形势动态，考虑突发事件发生的方式、规模、影响，完善应对方案，必要时调整工作安排，发出安全提示。

(3)黄色等级——Ⅲ级响应(较大)

指标迹象：情报信息显示发生突发事件的可能性增大。当地出现丙类传染病病例。

参考指标：发生劳务纠纷、合同纠纷或生产事故造成人员受伤，处理纠纷，经济损失人民币50万～200万元；施工生产造成或可能造成一次死亡1～2人死亡，或者10人以下重伤；个别人严重食物中毒或丙类传染病等事件。

行动：提醒有关单位和人员高度重视，注意收集情报，跟踪形势动态，同时考虑突发事件可能发生的方式、规模及初步应对措施。

(4)蓝色等级——Ⅳ级响应(一般)

指标迹象：情报信息显示可能发生突发事件或可能发生传染病。

参考指标：与当地居民产生纠纷；造成或可能造成人身重伤，未构成一般人身伤亡事故，或一般设备损害和财产损失等，经济损失人民币50万元以下；发生轻微食物中毒、传染病等事件等。

行动：提醒有关单位和人员思想重视，注意收集情报，跟踪形势动态，注意安全。

3.2.2 分级响应

Ⅰ级、Ⅱ级应急响应应与领事馆、甲方单位等协作，Ⅲ级应急响应由公司及甲方组织实施，Ⅳ级应急响应由二级单位、项目部组织实施。

Ⅰ级、Ⅱ级与Ⅲ级预警响应立即同时上报至总局应急指挥中心办公室。

3.3 响应程序

3.3.1 接警报告与记录

发生预警范围内紧急事件时，境外项目部在接到相应预警信息后应立即记录在案，并

报境外单位应急指挥小组负责人。应急指挥小组负责人在接到报告后应根据事态发展紧急程度，立即发出应急指令，并启动本单位应急预案，明确应急指挥部场所，调配相应应急资源（紧急联系方式略），指导应急救援各工作小组开展工作（各小组成员联系方式略），启用应急通信手段，统一口径，明确事件消息发言人。必要时，及时报当地消防及治安等政府相关部门请求援助（应急支援协议或备忘录略）。

境外单位应急指挥小组和项目部负责人应随时向公司本部应急管理小组、我国使领馆报告事态发展，并告知甲方和当地政府相关部门。

发生Ⅰ～Ⅲ级响应事件时，公司本部启动应急预案，寻求我国使（领）馆的支持，公司主管副总经理率领公司本部相关人员在最短的时间内赶赴事发现场，做好应急处置。

3.3.2　应急扩大

超出公司应急处置能力时，应及时请求上级应急指挥机构启动上一级应急预案，向我国使（领）馆和当地政府发出求援信息，并协助其继续做好救援工作。

3.3.3　现场恢复

危急事件应急处置工作结束，或者相关危险因素消除后，现场应急指挥机构予以撤销，恢复常态管理。

3.3.4　应急终止

当事故现场达到以下应急终止条件时，公司本部及境外项目部按预警级别、应急处置管理情况，宣布突发事件终止，并做好应急处置工作总结。

(1)事件现场得到控制，事件条件已经消除；

(2)环境符合有关标准；

(3)事件所造成的危害已经被彻底消除，无继发可能；

(4)事件现场的各种专业应急处置行动已无继续的必要；

(5)采取了必要的防护措施，保护现场施工人员免受再次伤害。

3.3.5　善后处理

妥善安置应急处置中的涉险人员，做好善后工作，尽快复工。

3.3.6　应急总结

处理好各项遗留问题，做好事件应急总结，上报我国使（领）馆和上级机构，在上级指导下，做好人员安置、损失评估、赔偿、奖励等后续事宜。

4　处置措施

4.1　突发施工安全事件

(1)项目部应急预案启动，项目部各工作小组开展工作。公司主管副总经理率领公司本部相关人员尽快赶赴现场，指导事故处理工作。

(2)现场保卫组应立即封闭事故现场，禁止无关人员出入事发现场和危险区域。

(3)现场抢险组迅速调集抢险人员和现场机械搜寻、营救受伤害人员。

(4)医疗救护组对受伤人员进行紧急救护处理后，立即送往当地医院进行治疗。

(5)在抢险过程中,事故调查组应组织好事故现场的保护、摄像、拍照和记录工作。

(6)现场项目部视需要与当地其他中方单位、合同甲方取得联系,获取充足的应急资源。

(7)信息联络组为相关单位提供必要的事故抢险、救护信息,配合事故调查组做好事故现场有关证据的采集工作。

(8)事故善后处理组负责处理受伤害人员善后处理和安抚工作。

4.2 突发社会治安事件

(1)值班人员立即按照程序打电话向境外单位应急指挥领导小组报告。

(2)境外应急指挥领导小组接报后,安全保卫组人员迅速赶到现场控制局面。

(3)在不能保证工程施工作业人员安全的情况下,应立即告知甲方,工程项目暂停施工,所有员工立即撤到安全地点。

(4)受伤人员在紧急医护处理后,在保障路途安全情况下,尽快送当地医院救治。

(5)绑架事件发生时,任何员工不得有任何过激言行,保持沟通渠道,尽快向我驻外使(领)馆通报情况,寻求适当的解决方式,并随时向本部应急管理指挥机构汇报。

(6)本部应急管理领导小组指定专人做好突发事件中涉险员工家属的安抚工作。

(7)当突发事件在短期内没有平息可能的情况下,在公司应急管理领导小组指导下,暂停工程,撤离人员。

4.3 突发事件及传染病疫情应急处置措施

(1)发生爆炸事件或恐怖事件,现场人员无法自行处理,需立即向当地警察局报案以及与中国驻外使(领)馆取得联系,以获取外界的帮助。

(2)如发生中毒事件,应以最快速度将中毒人员送医务室或医院。如发现流行性传染病,需立即与外界隔离,并通知所有员工与其隔离,同时同当地传染病防治机构取得联系,并将事情向中国驻外使(领)馆汇报。

4.4 地质灾害应急措施

(1)紧急避险,采取自我保护措施,确保人身安全;

(2)切断危险源,紧急关闭一切生产施工设施;

(3)设定隔离区,组织力量对现场进行隔离、警戒;

(4)应急救援人员应佩戴个人防护用品进入隔离区,实时监测空气中有毒物质的浓度;

(5)紧急疏散转移隔离区内所有无关人员到安全场所;

(6)应急救援人员必须佩戴个人防护用品迅速进入现场隔离区,沿逆风方向将患者转移至空气新鲜处,根据受伤情况进行现场急救,并视实际情况迅速将受伤、中毒人员送往所在地医院抢救;

(7)确保应急救援人员和被疏散人员的生活后勤保障。

4.5　气象灾害应急措施

当强热带风暴（台风）、飓风、特大暴雨等气象灾害造成重大破坏时：

(1)采取关闭与切断措施，隔断被破坏的生产施工设施，并做好相关保护措施；

(2)台风、飓风、特大暴雨期间，停止户外施工作业；

(3)特大暴雨期间需特别注意滑坡等地质灾害现象，做好防护工作；

(4)发生险情，应及时协调医疗救助力量全力抢救伤员；

(5)对受灾区域内的生产施工设施应加强监控。

第三章　地质勘查单位生产安全事故现场处置方案

一、高原反应现场处置方案

1　事故危险分析

在青藏高原等高海拔地区工作，由于受低氧压、缺氧、高辐射、高寒和水土不服等自然环境因素的影响，项目组人员会有一定的不适应状况或可能出现头痛、头晕、心悸、气短、食欲减退、恶心、呕吐、失眠、疲乏、腹胀不良的高原反应；一旦在高海拔地区感冒，可能导致高原反应加重，严重者可产生肺水肿、脑水肿、心力衰竭，并可能造成死亡。

2　应急工作职责

现场救援组组长、副组长、成员，由工作站救援组或工作组人员组成。

组长：了解掌握事故现场情况，指挥和组织现场搜救，及时向现场指挥组报告。

副组长：协助组长指挥和组织现场抢救。组长不在时，履行组长职责。

成员：在组长统一指挥下，开展现场抢救。

3　应急处置

3.1　信息报告

(1)第一时间以直接或电话的方式向项目组报告患者所处的准确位置。

(2)记录接到报警电话的详细内容，确认事发地。

(3)立即向负责人报告。

(4)通知有关人员赶赴事故现场，并向上级报告。

3.2　应急处置措施

(1)迅速将患者抬到背风、干爽的地方，使其平卧并做好保暖，如携带有氧气迅速取出让其吸入，等待救援。

(2)保温:为患者做好防寒保暖,减少热量散失,防止上呼吸道感染,同时严禁大量饮水。

(3)救治:患者意识清醒时,可服用缓解高原反应的药品如高原安、西洋参含片、诺迪康胶囊(对缓解极度疲劳很有用)、百服宁(控制高原反应引起的头痛)、葡萄糖(5%、10%)等,如携带有氧气应迅速取出让其吸入。

(4)促醒:病人若已失去知觉,可指掐人中、合谷等穴,使其苏醒,并迅速取出氧气应让其吸入。若呼吸停止,应立即实施人工呼吸。

(5)转送:对于重症高原反应病人,情况紧急时,应立即向低海拔地区下撤,并送医院救治。

4　注意事项

(1)通常情况对高原病患者而言,给氧及降低高度是最有效的急救处理,若有休克现象,应优先处理,注意失温及其他并发症。

(2)出现高原反应时,应将病患移至无风处,并立即卧床休息,注意保暖,防止上呼吸道感染,同时严禁大量饮水。

(3)若疼痛严重,可服用镇痛剂止痛。如果仍不能适应,则需降低高度,直到患者感到舒服或症状明显减轻之高度为止。一般而言,出现高原反应的患者降低至平地后,即可不治而愈。虽然如此,严重的患者仍需送医院处理。

(4)在高原晚上睡觉喘不上气时,建议在晚上睡觉尽可能垫高头部或尝试坐着睡也可以,以便使呼吸顺畅一些。

(5)高原强烈的阳光和紫外线会伤害你的眼睛,应准备太阳帽和墨镜。

二、低温雨雪天气冻伤现场处置方案

1 事故危险性分析

1.1 危险性分析和事件类型

1.1.1 危险性分析

雨雪冰冻灾害主要发生在冬季,但秋冬交替和冬春交替之际也会出现。这种气象灾害是由降雪、降温或降雪后遇低温时工作人员室外作业而引起的人身冻伤事件。

1.1.2 事件类型

这类事件一般分两类:一类为非冻结性冻伤,是由 100 ℃以下至冰点的低温、潮湿引起的冻疮;另一类为冻结性冻伤,是由冰点以下低温造成局部冻伤和全身冻伤。

1.2 事件可能发生的区域、地点

暴风雪天气或气温突降时在室外场地、生产现场及所有低温场所。

1.3 可能造成的事故

冻伤对脑功能有一定影响,使注意力不集中、反应时间长、作业失误率增多,甚至产生幻觉;对心血管系统、呼吸系统也有一定影响,会造成体温降低,甚至造成死亡。

1.4 事故前可能出现的征兆

(1)低温及严寒天气在室外作业;
(2)突遭暴风雪袭击而防护用品准备不足;
(3)低温天气作业人员睡眠不足或过度疲劳。

2 应急工作职责

成立以项目经理为组长,项目部全员参与的应急工作组。

2.1 组长、成员及职能分工

组长:项目经理。
副组长:项目副经理、专(兼)职安全员。
成员:项目部其他管理人员、作业组长、作业组员等。
组员职能分工:联络员、抢救人员等。

2.2　工作职责

组长：负责了解和掌握事故现场情况，及时向上级汇报，在上级应急指挥机构到达前指挥和组织现场抢救。对工作组组员进行分工，指派联络员、抢救人员等。

副组长：负责协助组长开展应急抢救工作，组织人员开展现场抢救。

联络员：项目部联络员负责拨打急救电话“120”，讲明事故地点，并在出事地点接应救护车辆。

抢救员：负责维护现场秩序，保护事发现场。

3　应急处置

3.1　现场应急处置程序

（1）低温冻伤突发事件发生后，班长应立即向应急救援指挥部汇报。

（2）该方案由院长宣布启动。

（3）应急处置组成员接到通知后，立即赶赴现场进行应急处理。

3.2　应急处置措施

3.2.1　先兆冻伤和轻度冻伤处理

（1）当发生冻伤事故后，用温水（38～42 ℃）浸泡患处，浸泡后用毛巾或柔软的干布进行局部按摩。

（2）患处若破溃感染，应在局部用65%～75%酒精或1%的新洁尔灭消毒，吸出水泡内液体，外涂冻疮膏、樟脑丸膏等，保暖包扎；必要时应用抗生素及破伤风抗毒素。

3.2.2　重度冻伤处理

（1）对于全身冻僵者，要迅速复温，先脱去或剪掉患者湿冷的衣裤，在被褥中保暖，也可用25～30 ℃的温水进行淋浴或浸泡10分钟左右，使体温逐渐恢复正常，但应防止烫伤。

发生冻僵的伤员已无力自救，救助者应立即将其转运至温暖的房间内，搬运时动作要轻柔，避免僵直身体的损伤。

如衣物已冻结在伤员的肢体上，不可强行脱下，以免损伤皮肤，可以连同衣物一起入温水，待解冻后取下。

（2）如有条件可让患者进入温暖的房间，给予温暖的饮料，使伤员的体温尽快提高，同时将冻伤的部位浸泡在38～42 ℃的温水中，水温不宜超过45 ℃，浸泡时间不能超过20分钟。

（3）病情严重者立即联系车辆，并由医护人员边抢救边护送至医院。必要时可拨打120急救。

4　注意事项

(1)对于冻伤的急救,需注意逐步用与人体正常体温相接近的温水对冻伤部位浸泡,让冻伤皮肤慢慢恢复体温。

(2)在对局部冻伤患处采取升温措施时,切忌一下就把冻伤患处浸泡在热水当中,这样皮肤在一时间难以适应如此大的温差变化,会反而加重冻伤病情。同时在对冻伤部位进行按摩时,防止造成皮肤损伤而诱发感染症状。

(3)对于全身冻伤的情况,若冻伤者体温降至 20 ℃以下的话,千万不能让冻伤者进入到睡眠状态中,一定要让患者保持清醒状态,否则容易致命。

(4)出现全身冻伤,且伴有脉搏以及呼吸方面都变得越来越慢的情况,必要时需对冻伤患者进行人工呼吸以及胸外心脏按压,以保持患者呼吸正常。另外在帮助患者慢慢恢复体温时,还需尽快把患者送医院救治。

三、中暑现场处置方案

1　事故危险性分析

1.1　危险性分析

夏季高温时，室外设备的安装和维修、日光暴晒下露天施工作业等造成的人员中暑而引起的人身伤亡事件。

1.2　事件类型

(1)先兆中暑：患者在高温环境中工作一定时间后，出现头昏、头痛、口渴、多汗、全身疲乏、心悸、注意力不集中、动作不协调等症状、体温正常或略有升高。

(2)轻度中暑：除有先兆中暑的症状外，出现面色潮红、大量出汗、脉搏快速等表现，体温升高至38.5 ℃以上。

(3)重度中暑：高热、意识障碍、无汗、肌肉痉挛、虚脱或短暂晕厥。

1.3　事件可能发生的区域、地点

日光曝晒下露天施工作业时，以及机房等高温场所。

1.4　可能造成的事故

夏季高温及工作场所通风条件差等原因，易造成工作人员高温中暑，情况严重时可引发人身伤亡事件。

1.5　事故前可能出现的征兆

(1)高温及工作场所通风条件差等。

(2)烈日直射头部，环境温度过高，饮水过少或出汗过多等可以引起中暑现象，其症状一般为恶心、呕吐、胸闷、眩晕、嗜睡、虚脱，严重时抽搐、惊厥甚至昏迷。

(3)高温场所内作业。

(4)日光暴晒环境中作业。

(5)工作强度过大。

(6)作业人员连续工作时间过长。

(7)作业人员睡眠不足或过度疲劳。

2　应急工作职责

2.1　中暑现场应急处置领导小组

组长：×××
副组长：×××
成员：×××

2.2　中暑现场应急处置领导小组职责

(1)事故发生后，现场应急处置领导小组组长委托副组长赶赴事故现场进行现场指挥，成立现场指挥部，批准现场救援方案，组织现场抢救，负责组织各单位定期进行事故应急救援演练。

(2)按上级部门对工业卫生与职业病防治要求，努力完成各项工作；严格按《劳动法》，不断治理、改善从业人员劳动条件、保护从业人员的安全和健康，提高劳动生产率；定期召开领导小组会议，分析防暑降温工作中存在的问题，研究安排治理和整改措施，落实资金，决策有关事项，切实改善作业场所劳动条件。下设三个专业工作小组，按职责范围分工负责有关方面工作。

(3)按法规制定有关从业人员劳动保护规定；做好公共卫生及劳动保护宣传教育工作，提高从业人员自我劳动保护意识；负责高温岗位从业人员统计上报等管理工作。

(4)负责申报所购防暑降温用品所需的费用预算，购置防暑降温用品；定期到现场巡视，宣传防暑降温的有关常识，发放防暑降温药品，发现问题及时向厂部领导小组汇报。

(5)通过网络、手机报等形式对天气了解；对超高温及时上报领导小组；加强救援药品等的保证和检验工作，提醒现场监理注意防暑降温。

(6)在发生高温中暑等威胁人身安全事件后，根据事故报告立即按本预案规定程序，组织力量对现场进行事故处理，必要时向地方政府汇报。

(7)必要时向主管部门报告事故情况和事故处理进展情况。

(8)应急状态消除，宣告应急行动结束。

(9)明确本现场应急处置方案修订的工作，同时对工作场所进行不定期检查并对发现问题落实人员、方案督促整改。

(10)发生事故(原因、处理经过、人员伤亡情况及经济损失情况)调查报告的编写和上报工作。

2.3　应急通讯联系电话

组长：手机×××××××××××
副组长：手机×××××××××××
安全负责人：手机×××××××××××
现场应急救援办公室电话：×××-×××××××××

医院急诊电话:120

3　应急处置

(1)先兆中暑或轻症中暑

对于先兆中暑患者或轻症中暑患者的现场处理原则是,首先应迅速将其移离高温场所,松解衣扣,放置荫凉处休息;如果患者清醒,无恶心、呕吐,应补充含盐的清凉饮料,如有头晕、恶心、呕吐或腹泻者,可服用藿香正气水(或胶囊)。轻症中暑患者经上述现场处理,一般多在30分钟至数小时即症状减轻并逐渐好转,休息1到2天即可康复;如上述患者伴有高血压、冠心病等疾病,或怀孕,或年岁大一些,在进行上述现场处理措施的同时,应转入附近有条件的医院做进一步的检查与治疗。

对于轻症中暑包括中暑先兆(观察对象)患者的现场处置不可掉以轻心,不能因患者经上述现场处理自觉症状稍有缓解,就又立即安排其回到作业场所进行高温作业,因为如此处理,有些患者会进一步向重症中暑方向发展。

(2)重症中暑

对于重症中暑患者的现场处理原则是,应迅速用救护车转入附近有条件的医院抢救。在现场等候救护车救援期间,如果有条件,治疗原则是及时降低患者过高的体温,措施分为物理降温与药物降温;可采取的物理降温措施有:在有空调的房间内或在荫凉处,用冰水或酒精或井水擦拭患者全身,在头部及颈部、腹股沟部动脉血管分布区放置冰袋,并扇风;必要时可将患者半卧位放在15～16 ℃水中浸浴,同时按摩其四肢及胸腹部,见其皮肤擦红为止,还应注意其呼吸及脉搏,如患者体温降至37～38 ℃(肛温),即可停止浸浴。有医疗条件的,可先纠正其体内水与电解质紊乱和促进酸碱平衡,积极防止其休克、脑水肿等。救护车到场后应转入附近有条件的医院抢救。

4　注意事项

(1)除非病人有周围循环衰竭或大量呕吐、腹泻的情况,不需要输入太多的液体,以免引起心力衰竭或肺水肿。

(2)呼吸循环衰竭者,酌情使用呼吸、心脏兴奋剂,呼吸困难者要吸氧,必要时进行人工呼吸,抽搐者可给予镇静剂。

(3)对病情危重或经适当处理无好转者,应在继续抢救的同时立即送往有条件的医院。

四、淹溺事故现场处置方案

1 事故危险性分析

1.1 淹溺事故类型

在外作业施工中，由于作业人员违规下水游泳或安全防范措施不到位等，会发生淹溺事故，分为在河道、水库等水域或泥浆池中淹溺事故。

1.2 淹溺事故危害程度

人淹没于水中，因大量的水或泥沙、杂物等经口鼻灌入肺内，造成呼吸道阻塞，引起窒息、缺氧，以致神志不清、昏迷甚至死亡。

1.3 事故征兆

人落水后，不会游泳者在水中挣扎；会游泳者因手足抽筋或者浅水造成头部损伤而不能自救。

2 应急工作职责

2.1 淹溺现场应急处置领导小组

组长：×××
副组长：×××
成员：×××

2.2 淹溺现场应急处置领导小组职责

组长：负责了解和掌握事故现场情况，及时向上级汇报，在上级应急指挥机构到达前指挥和组织现场抢救。

副组长：负责协助组长开展应急抢救工作，组织人员开展现场抢救，维护现场秩序，保护事发现场。

联络员：项目部联络员负责拨打急救电话120，讲明淹溺地点，并在出事地点接应救护车辆。

抢救员：开展现场援救。

2.3 应急通讯联系电话

组长：手机×××××××××××

副组长：手机××××××××××××

安全负责人：手机××××××××××××

现场应急救援办公室电话：××××××××××××

医院急诊电话：120

3　应急处置

3.1　应急处置程序

事故现场人员应立即报告应急工作组组长，组长及现场应急工作组根据事故大小和发展态势在1小时内向上级部门报告，并同时启动该处置方案。当事故超出本单位应急处置能力时，应向当地政府有关部门及上级单位请求支援。

3.2　现场处置措施

(1)自救：落水后，应保持冷静，切勿大喊大叫，以免水进入呼吸道引起阻塞而剧烈咳呛。应尽量抓住漂浮物如木板等，以助漂浮。双脚踩水，双手不断划水，落水后立即屏气，在挣扎时利用头部露出水面的机会换气，再屏气，如此反复，以等救援。

(2)水上救助：对筋疲力尽的溺水者，抢救人员可从头部接近；对神志不清的溺水者，抢救人员应从背后接近，用手从背后抱住溺水者的头颈，另一只手抓住溺水者的手臂，游向岸边。

(3)现场有关人员立即向周围人员呼救，同时向项目部负责报告。不会游泳时，立即用绳索、竹竿、木板或救生圈等使溺水者握住后拖上岸。

(4)溺水者被抢救上岸后，应立即清除口、鼻的泥沙、呕吐物等，松解衣领、纽扣、腰带等，并注意保暖，必要时将舌头用毛巾、纱布包裹拉出，保持呼吸道畅通。

(5)立即对溺水者进行控水(倒水)，使胃内积水倒出。控水(倒水)方法：溺水者俯卧，救护者双手抱住溺水者腹部上提，或将溺水者放于救护者跪撑腿上，同时另一手拍溺水者后背，迅速将水控出。

(6)有呼吸(有脉搏)使溺水者处于侧卧位，保持呼吸道畅通。

(7)无呼吸(有脉搏)使溺水者处于仰卧位，扶住头部和下颚，头部向后微仰保证呼吸道畅通，进行人工呼吸，吹气时，用腮部堵住溺水者鼻孔，每3 s吹气一次。

(8)无呼吸(无脉搏)使溺水者处于仰卧，食指位于胸骨下切迹，掌根紧靠食指旁，两掌重叠，按压深度4～5 cm，每15 s吹气两次，按压15次。

(9)溺水者是儿童，进行人工呼吸时，每3 s吹气一次，心脏按压深度1～2 cm，每10 s吹气两次，按压10次。

(10)在送往医院的途中对溺水者进行人工呼吸，心脏按压也不能停止，判断好转或死亡才能停止。

(11)被救上岸的溺水者，在实施抢救时，立即拨打急救电话120，进行现场抢救。

4 注意事项

(1)水上救助时,对神志不清的溺水者,抢救人员应从背后接近,用手从背后抱住溺水者的头颈,另一只手抓住溺水者的手臂,游向岸边。

(2)溺水者救上岸后,对溺水者进行控水(倒水),使胃内积水倒出,同时注意保暖。

(3)人工呼吸吹气时,用腮部堵住溺水者鼻孔,每 3 s 吹气一次,同时进行人工呼吸,心脏按压也不能停止。

五、有害生物伤害现场处置方案

1　事故危险性分析

由于地质勘查队承揽的工程项目多为地质勘查、工程勘察项目，大多是野外施工，工作现场存在毒蛇、马蜂、蝎子、蜈蚣等毒虫，可能发生蛇虫叮咬人员中毒，队中施工人员以及分包队伍在作业过程时常遇到此类现象，危害比较大。

1.1　事故类型

可能发生事故类型为中毒安全事故，发生地点为项目部及所属各施工队驻地及施工现场。

1.2　可造成的危害程度

发生事故可能造成人员伤亡。

2　应急工作职责

2.1　有害生物伤害应急救援领导小组

组长：×××
副组长：×××
成员：×××
办公室设在安全生产科。

2.2　有害生物伤害现场应急处置小组职责

在有害生物伤害安全事件发生时，启动应急现场应急处置方案，决策指挥，全面部署，组织、调动人员按本现场应急处置方案，采取有效防范措施，调查事故原因，减少有害生物危害和杜绝人员感染。

3　应急处置

3.1　接警报告

在接到有害生物伤害信息报告后，现场应急处置小组要认真做好记录。内容包括：发生时间、地点、伤害种类、受害情况、已经采取的措施、报警人员及其联系方式等。

3.2 先期处置

有害生物伤害发生后，事发单位或者个人应根据类型及严重程度做出初步判断，采取措施进行先期处置，并将伤害的发展趋势、处置情况、突出问题和建议及时上报大队救援领导小组。

3.3 应急响应

有害生物伤害发生后，按照伤害程度，救援领导小组启动有害生物伤害的现场应急处置方案和指挥现场应急处置工作。

3.4 伤害处置

有害生物伤害救护小组接到电话后，应迅速到达现场，开展伤害处置和救护工作，避免造成人员伤害事故。

3.5 处理方法

3.5.1 蜱虫叮咬后的处理方法

一旦不小心发现被蜱虫叮咬了，要用镊子或尖钳子贴近皮肤并夹牢蜱虫的头部，然后慢慢施压往下拉。在移除蜱虫时要小心不要把蜱捏碎或扭断，因为破损的皮肤或黏膜沾染到蜱虫的组织碎屑或粪便，也有机会受感染。在移除蜱虫后，应用碘酒或酒精消毒被叮咬的部位，用肥皂及水洗手，并及时到附近医院进行治疗。

3.5.2 蛇咬伤处理方法

当被毒蛇咬伤时，立即在伤口近心方向 5 cm 处环行缚扎患肢，赶快用大量的清水冲洗伤口，用手自上而下挤压伤肢排毒，这样以阻止蛇毒吸收，促使其从局部排除。并及时到当地的医院或者防疫站作血清过敏实验后注射抗蛇毒血清。除非专业人士，否则不要割开伤口的皮肤吸吮或洗涤。让伤者躺下，停止伤处活动，但不要抬高伤处。不可喝酒，亦不应做不必要的活动。如果带有蛇药，应尽快内服外用。在可能情况下，用绷带缚扎伤口以上的部位；冲洗伤口，用清水反复冲洗伤口任凭血液外流；尽快到医院求治。

3.5.3 猫狗伤害处理方法

一旦被狗、猫咬伤，重要的是做好现场救护工作。凡是狗、猫咬伤，不管是疯狗、病猫还是正常的狗、猫(据文献报告，有相当多的一部分正常的狗、猫的唾液中带有狂犬病毒)，千万不要急着去医院找医生诊治，而是应该立即、就地、彻底冲洗伤口。万一找不到水源，甚至可以用人尿代替清水冲洗，随后再设法找水源。

冲洗伤口一是要快。分秒必争，以最快速度把沾染在伤口上的狂犬病毒冲洗掉。因为时间一长病毒就进入人体组织，沿着神经侵犯中枢神经，置人于死地。二是要彻底。由于狗、猫咬的伤口往往外口小，里面深，这就要求冲洗时，尽量把伤口扩大，让其充分暴露，并用力挤压伤口周围软组织，而且冲洗的水量要大，水流要急，最好是对着自来水龙头用急水冲洗。三是伤口不可包扎。除了个别伤口大，又伤及血管需要止血外，一般不上任何药物，也不要包扎，因为狂犬病毒是厌氧的，在缺乏氧气的情况下，狂犬病病毒会大量生长。

伤口反复冲洗后，再送医院做进一步伤口冲洗处理，（牢记到医院伤口还要认真冲洗），接着应接种预防狂犬病疫苗。这里特别要指出的是，千万千万不可被狗、猫咬伤后，伤口不作任何处理，错上加错的是不冲洗伤口，而是涂上红药水包上纱布，这样危害更大；切忌长途跋涉赶到大医院求治，而是应该立即、就地、彻底冲洗伤口，在24小时内注射狂犬疫苗。

3.5.4　蜂伤害处理方法

蜜蜂蜇伤可用弱碱性溶液外敷，以中和酸性毒素。黄蜂蜇伤则用弱酸性溶液中和。如果蜂刺留在伤口内，用小针挑拨或胶布粘贴，取出蜂刺，切记不要挤压。局部症状较重者，可采用火罐拔毒和局部封闭疗法，并给止痛剂或用抗组胺药止痒。也可采用中草药外敷。对有全身症状者，须立即就医进行对症治疗。

（1）使用现成的小径，切勿自行闯路，避免走蕨丛，那里通常是昆虫和黄蜂聚居的地方。

（2）不要打扰蜂窝，切勿以树枝等拍打路边树丛。

（3）在身体和衣服上喷涂防蚊油。避免使用芬芳味的化妆品，因为可能吸引蜜蜂。

（4）若遇蜂巢挡路，可绕路前进。若遇一两只黄蜂在头上盘旋，可以不加理会，照常前进。

（5）如有螯针，可用钳子拔除，但不要挤压毒囊，以免剩余的毒素进入皮肤。

（6）若遇群蜂追袭，可坐下不动，用外衣盖头、颈，以作保护，卷曲卧在地上，待蜂群散开后，才慢慢撤离。

（7）可以冷水湿透毛巾，轻敷在伤处，减轻肿痛，严重蜇伤应尽快求医。

3.5.5　蜈蚣咬伤急救措施

立即用弱碱性溶液洗涤伤口和冷敷，或用等量雄黄、枯矾研磨，以浓茶或烧酒调匀敷伤口。疼痛较重者给予止痛或伤口周围封闭，亦可用蛇药片内服或外敷，必要时清创。局部坏死、感染者、急性淋巴管炎者，应加用抗菌药物。

3.5.6　毛虫刺伤后的处理方法

（1）用湿面团在蜇伤的地方来回揉滚，把毒毛粘出来。

（2）毒毛的毒液呈酸性，可以根据酸碱中和反应的原理，把氨水涂到患处。

（3）把生甘草嚼烂涂到患处，或把捣烂的大蒜汁涂到患处，能迅速止痛。

（4）用豆豉、菜油涂到患处，再用白芷煎汤洗患处，能去毒消炎。

4　注意事项

（1）在山区林地施工，着装长衣长裤，并扎好绑腿，竹子、木棍敲打开路，夜间行走要用照明工具。

（2）若被毒虫叮咬，及时排出体内有毒血液。毒蛇咬伤，冷静处理，不可乱跑求救，以免加速毒液散布；不可饮酒、浓茶、咖啡等兴奋性饮料。

（3）遇到毒蛇盘曲昂首或眼镜蛇膨颈昂首呼呼作响时，切勿惊慌，可从蛇旁边跑过，应在远离它的地方将其赶跑，有防备时可用石头木棍打击头部，将其打死。

六、突发恶劣天气现场处置方案

1 事故危险分析

地质勘查作业有可能遭遇造成人员伤亡和财产损失的自然灾害，水灾、森林火灾、台风、冰雹、暴风雪、暴雨、雷电、沙尘暴、山体崩塌、滑坡、泥石流等灾害的发生可能造成野外作业人员伤亡、失踪，生产设备、设施损失。

2 应急工作职责

2.1 突发恶劣天气现场应急处置领导小组

组长：×××
副组长：×××
成员：×××

2.2 突发恶劣天气现场应急处置领导小组职责

事故发生后，现场应急处置领导小组组长委托副组长赶赴事故现场进行现场指挥，成立现场指挥部，批准现场救援方案，组织现场抢救。负责组织各单位定期进行事故应急救援演练。

3 应急处置

3.1 应急处置流程

（1）现场突发恶劣天气（如冰雹、大风、暴雨、暴雪等）时，从事受恶劣天气影响的相关工序应立即停止作业，并采取保护措施后，撤离现场。

（2）恶劣天气后，应急小组应组织检查营地及各人员的状态等，保证后续勘查作业安全顺利开展。

（3）现场应急救援小组将现场情况上报上级应急领导小组组长。

3.2 应急处置措施

（1）当发生六级以上大风、暴雪天气等恶劣天气时，应立即停止现场高空作业，撤离危险作业场所。

（2）当发生连降暴雨天气，地面严重积水，生活、办公区出现雨水倒灌现象，且暴雨无停止迹象时，项目部应急领导小组应组织所有人员撤离附近的最高点。

(3)撤离应遵循“先撤人，后转移贵重物品、资料”的原则，并上报上级应急领导小组组长。

(4)当恶劣天气停止后，在第一时间组织员工奔赴现场，抢救设备物资，把财产损失降到最低。

4　注意事项

4.1　佩戴个人防护器具方面注意事项

防护器具必须佩戴合格产品，并保证佩戴的正确性，防护器具不可轻易摘取，应急事件后应对个人的防护器具进行检查通过专业认证确保无误方可继续使用。

4.2　使用抢险救援器材方面的注意事项

根据施工现场的实际情况配备相应的抢险救援器材，器材必须是合格物品，使用人员必须对器材有相应的了解。

4.3　采取救援对策或措施方面的注意事项

现场处于事故、事件的地区的及受到威胁地区的人员，在发生事故、事件后应根据情况和现场局势，在确保自身安全的前提下，采取积极、正确、有效的方法进行自救和互救。事故、事件现场不具备抢救条件的应尽快组织撤离。

4.4　现场自救和互救的注意事项

在自救和互救时，必须保持统一指挥和严密的组织，严禁冒险蛮干和惊慌失措，严禁个人擅自行动；事故现场处置工作人员抢救时，严格执行各项规程的规定，以防事故扩大。

4.5　现场应急处置能力确认和人员安全防护等事项

应急小组领导、应急抢险人员到位并配备抢险器材，确认有能力进行抢救，个人安全防护用品到位、佩戴正确，并确保物品合格。

4.6　应急救援结束后的注意事项

应急救援结束后切勿放松警惕，所有人员必须立即撤离现场，远离事发地点，做好人员清点，检查用品给养是否到位。认真分析事故原因，制定防范措施，落实安全责任制，防止类似事故发生。

4.7　其他需要特别警示的事项

完善特殊环境下工作期间的人员到岗、标示明确、防护到位等方面规定，根据现场提出其他需要特别警示的事项。

七、突发性传染病现场处置方案

1 事故危险性分析

1.1 事件分类及特征

突发性传染病是指严重影响社会稳定、对人类健康构成重大威胁，需要对其采取紧急处理措施的鼠疫以及传染性非典型性肺炎、人感染高致病性禽流感等新发生的突发性传染病和不明原因疾病等。

传染病分为甲类、乙类和丙类。甲类传染病包括鼠疫、霍乱；乙类传染病包括传染性非典型肺炎、艾滋病、病毒性肝炎、脊髓灰质炎、人感染高致病性禽流感、麻疹、流行性出血热、狂犬病、流行性乙型脑炎、登革热、炭疽、细菌性和阿米巴性痢疾、肺结核、伤寒和副伤寒、流行性脑脊髓膜炎、百日咳、白喉、新生儿破伤风、猩红热、布鲁氏菌病、淋病、梅毒、钩端螺旋体病、血吸虫病、疟疾；丙类传染病包括流行性感冒、流行性腮腺炎、风疹、急性出血性结膜炎、麻风病、流行性和地方性斑疹伤寒、黑热病、包虫病、丝虫病，除霍乱、细菌性和阿米巴性痢疾、伤寒和除伤寒以外的感染性腹泻病。

1.2 危险源分析

导致突发性传染病发生的因素有多种。地质勘查队所属二级单位生产经营活动范围遍及全省各地并延伸至省外、国外，不科学的生活、生产方式、自然环境的破坏、耐药微生物的不断增多等都易诱发突发性传染病。

1.3 危害程度

突发性传染病的传染性使得疾病的蔓延速度快，对人体健康危害增大，并使正常的生产、生活受到严重影响。

1.4 突发性传染病的分布规律

突发性传染病没有固定的发生时间、发生方式，发生隐蔽，危害直接，多是由于法定传染病的暴发、新发现传染病的进入、食源性疾患以及自然灾害的次生危害等。

2 应急工作职责

2.1 应急组织机构

成立突发性传染病应急处置小组。

组长：×××
副组长：×××
成员：×××

2.2 突发性传染病应急领导小组工作职责

组长：189×××××××
副组长：139×××××××
当地卫生防疫站：0715-××××××
大队办公室电话 0715-×××××××
应急值守电话 0715-×××××××
急救电话：120

组长：负责全面工作，平时加强监督管理协调部门之间的工作，一旦传染病流行，负责组织救治患者、安排隔离场所、调查传染源，安排善后等一切工作。

副组长：在组长的领导下及时展开工作，负责做好现场秩序的维护，车辆调配，配合卫生防疫做好有关人员的隔离防护工作以及消毒工作。

现场抢救组职责：采取紧急措施，设置隔离室，尽快隔离感染者，防止疫情扩散蔓延。

医疗救治组职责：对处于隔离室的病人，视情况尽快通知医院抢救，做好其他人员的体温检测，发现疑似病人立即隔离。

后勤服务组职责：负责交通车辆的调配，购买预防药品、消毒液（水）、口罩与隔离区人员的饮食，确保购买的各种物品都是消毒和清洁的。

保安组职责：严禁处于隔离区内的疑似病人外出或外人进入隔离区。

3 应急处置

3.1 事件报告流程

发现传染病人、疑似传染病人时，应立即电话或口头报告应急工作组，报告时说明患者状况，是否有其他人员有类似情况等。

在发现传染病人、疑似传染病人时，必须按照规定时间报告。统一填报传染病报告卡，及时向当地卫生主管部门、疾病控制中心报告。任何人不得瞒报、谎报、缓报疫情。

3.2 处置措施

（1）甲类传染病的处置措施

专家委员会和应急处理机构负责对病人、病原携带者，予以隔离治疗，隔离期限根据医学检查结果确定；对疑似病人，确诊前在指定场所单独隔离治疗；对医疗机构内的病人、病原携带者、疑似病人的密切接触者，在指定场所进行医学观察和采取其他必要的预防措施。拒绝隔离治疗或者隔离期未满擅自脱离隔离治疗的，可以由公安机关协助医疗机构采取强制隔离治疗措施。书写的病历记录以及其他有关资料应妥善保管。不具备相应救治能力的，应当将患者及其病历记录复印件一并转至具备相应救治能力的医疗机构。具体办法由国务院卫生行政部门规定。

（2）乙类或者丙类传染病的处置措施

专家委员会和应急处理机构应当根据病情采取必要的治疗和控制传播措施。应急指挥机构和感染控制科负责联络和组织相关部门对本单位内被传染病病原体污染的场所、物品以及医疗废物，依照法律、法规的规定实施消毒和无害化处置。书写的病历记录以及其他有关资料应妥善保管。不具备相应救治能力的，应当将患者及其病历记录复印件一并转至具备相应救治能力的医疗机构。具体办法由国务院卫生行政部门规定。

4 注意事项

（1）事故现场人员向应急工作组汇报信息，必须做到数据源唯一，数据准确、及时。

（2）未经许可的任何人员不得进入隔离区域。

（3）应利用多种方式加大健康教育力度，增加自我保健知识，养成良好的卫生习惯，增强自我保护能力。

（4）发生突发性传染性疫情，不得组织大型活动，已筹备的必须取消。

（5）发生突发性传染性疫情，尽量不要去往人员密集场所，以免受感染。若不能不去则应严格做好个人防护。

（6）要确保参与应急处理人员的安全。针对不同的突发性传染病，特别是一些重大突发性传染病，应急处理人员还应采取特殊的防护措施。

八、危险化学品现场处置方案

1　事故风险分析

危险化学品涉及危险化学品种类较多，主要涉及场所为测试楼，根据危险化学品分类，包括易燃易爆品、腐蚀品、氧化剂、有毒品等，但多为化学试剂，储存及使用量较少。由于管理缺陷、违章使用、违规操作、人的失误等方面的原因，容易发生爆炸、火灾、中毒、窒息、化学灼伤、烫伤等事故及职业健康危害事故。

2　应急工作职责

2.1　中暑现场应急处置领导小组

组长：×××
副组长：×××
成员：×××

2.2　应急救援领导小组职责

储存、使用、运输危险化学品的单位应成立危险化学品事故应急救援领导小组。单位第一负责人为领导小组组长，单位相关部门负责同志为小组成员。

组长职责：组织制订本单位危险化学品事故应急救援预案并组织演练；发生危险化学品事故，启动应急救援预案，负责应急人员、资源配置的调动；协调事故现场有关工作；监督检查事故状态下救援小组人员的职责履行；宣布应急救援行动终止；负责危险化学品事故上报工作；负责事故后期调查处理。

抢险抢修组：负责紧急状态下的现场抢险作业；负责危险化学品泄漏控制、泄漏物处理；负责事故现场安全设备抢修；恢复生产的检修作业。

消防组：担负灭火、洗消和抢救伤员任务。

安全警戒组：布置安全警戒，保证现场应急救援工作有序开展；负责事故现场以及周围人员的疏散工作；实行交通管控，保证道路畅通；加强保卫工作，禁止无关人员、车辆围观、逗留。

医疗救护组：联系医疗救护车辆并负责指引车辆进入事故现场；组织现场抢救伤员；现场进行防化防毒处理。

2.3　应急通信联系电话

组长：手机 138××××××××

副组长:手机139××××××

安全负责人:手机189××××××××

现场应急救援办公室电话81×××××

医院急诊电话120

3 应急处置

3.1 处置程序

(1)发生危险化学品事故,从业现场第一发现人应立即向单位负责人报告。

(2)单位负责人接到报告,应立即启动应急救援预案,通知相关部门迅速赶赴事故现场展开救援。

(3)当危险化学品事故不能得到有效控制或造成人员伤亡或可能造成较大范围的环境污染时,应立即向公安消防等部门报告请求给予支援。

(4)按“四不放过”要求做好事故的后期调查处理工作。

3.2 事故原因分析及处理

3.2.1 火灾发生原因及处理方法

(1)发生原因

点燃的酒精灯碰翻或酒精喷灯使用不当;可燃物质如汽油、酒精乙醚等因接触火焰或处在较高温度下着火燃烧;能自燃的物质如白磷等由于接触空气或长时间氧化作用而燃烧;化学反应引起的燃烧或爆炸。

(2)处理方法

①迅速移走一切可燃物,切断电源,关闭通风器,防止火势蔓延。

②如果是酒精等有机溶剂泼洒在桌面上着火燃烧,用湿抹布、沙子盖灭,或用灭火器扑灭。

③如果衣服着火,立即用湿布蒙盖,使之与空气隔绝而熄灭。衣服的燃烧面积较大,可躺在地上打滚,使火焰不致向上烧着头部,同时也可使火熄灭。

3.2.2 爆炸

(1)发生原因

仪器装置错误,在加热过程中形成密闭系统,或操作大意,冷水流入灼热的容器;气体通路发生堵塞故障;在密闭容器里加热易挥发的有机试剂,如乙醚;减压试验时使用薄壁玻璃容器,或造成压力突变。

(2)处理方法

扑救外围火点,解除事故现场的后顾之忧。

控制事故区域,对周围的装置进行有效冷却和阻隔,控制着火装置稳定燃烧,直至物料全部消耗。

防止周围未燃烧但受热辐射的装置区发生二次爆炸,防止造成人员伤亡. 严密观察储罐和装置区情况,如果储罐发生颤动,安全阀鸣响,火焰突变成白色等爆炸前兆时,现场指挥人员应立即命令所有现场应急人员紧急撤离，尽量避免人员伤亡。

控制着火的储罐或装置不会发生爆炸的前提下，积极组织消防力量扑灭火灾，对易挥发（汽化）的着火材料，应控制着火点，稳定燃烧，直至物料烧完。

采取技术措施，做好监护工作，防止发生复燃，爆炸等事故。

3.2.3　中毒

（1）发生原因

接触了有毒物质或吸入有毒气体；对有些试剂的性质不够了解，处理不当；制备有毒气体的装置不合理或操作不熟练。

（2）急救方法

误吞毒物，常用的急救方法是给中毒者先服催吐剂，如肥皂水芥末和水或给以面粉和水鸡蛋白牛奶和食用油等缓和刺激，然后用手指伸入喉部引起呕吐。对磷中毒的人不能喝牛奶，可用5～10毫升1%的硫酸铜溶液加入一杯温水内服，以促使呕吐，然后送医院治疗。

有毒物质落在皮肤上，要立即用棉花或纱布擦掉，除白磷烧伤外，其余的均可以用大量水冲洗。如果皮肤已有破伤或毒物落入眼睛内，经水冲洗后，要立即送医院治疗。

3.2.4　烧伤

烧伤是由灼热的液体、固体、气体化学物质或电热等引起的损伤。为了预防烧伤，实验时严防过热的物体与身体任何部分接触。烧伤的伤势一般是按烧伤深度不同分为三度，烧伤的急救办法应根据各度伤势分别处理。

一度烧伤：只损伤表皮，皮肤呈红斑，微痛，微肿，无水泡，感觉过敏。如被化学药品烧伤，应立即用大量水冲洗，除去残留在创面上的化学物质，并用冷水浸沐伤处，以减轻疼痛，最后用1∶1000“新洁而灭”消毒，保护创面不受感染。

二度烧伤：损伤表皮及真皮层，皮肤起水泡，疼痛，水肿明显。创面如污染严重，先用清水或生理盐水冲洗，再以1∶1000“新洁而灭”消毒，不要挑破水泡，用消毒纱布轻轻包扎好，请医生治疗。

三度烧伤：损伤皮肤全层皮下组织肌肉骨骼，创面呈灰白色或焦黄色，无水泡，不痛，感觉消失。在送医院前，主要防止感染和休克，可用消毒纱布轻轻包扎好，给伤者保暖，必要时注射吗啡以止痛。

一般伤害的救护措施是：

被强酸腐蚀：立即用大量水冲洗，再用碳酸钠或碳酸氢钠溶液冲洗。

被浓碱腐蚀：立即用大量水冲洗，再用醋酸溶液或硼酸溶液冲洗。

4　注意事项

（1）选择有利地形设置急救点。

（2）做好自身及伤病员的个体防护。

（3）防止继发性损害。

（4）至少2～3人为一组集体行动。

（5）所用救援器材具备防爆功能。

九、食物中毒现场处置方案

1 事故风险分析

在施工过程的生活中，可能发生因误食食物而中毒的安全事故。这类事故多发生在人员生活中误食食物，食用过期食物，食用不明野生植物、病死禽类、变质食品等，一旦发生食物中毒，就会出现大量人员中毒的现象，给救援带来相当大的困难。

2 应急工作职责

2.1 应急组织及职责

成立食物中毒现场应急处置小组。

组长：×××

副组长：×××

成员：×××

各单位发生食物中毒事件后，由应急处置小组组长任总指挥，负责部署各项抢救及善后工作，调动局车辆及人员参与抢救，各成员服从总指挥的一切安排。

2.2 应急通讯联系电话

组长：×××××××××××

副组长：×××××××××××

安全负责人：×××××××××××

现场应急救援办公室电话：×××××××××××

医院急诊电话：120

3 应急处置

发生食物中毒后，值班人员及食物中毒单位负责人首先报告大队总指挥，大队总指挥立即安排，将中毒人员迅速送医院急救，并调查中毒情况，视发生中毒人员的多少、轻重迅速拨打“120”急救电话。

保留剩余食品及患者之呕吐物或排泄物，并迅速通知当地卫生检疫部门进行检疫。

3.1 食物中毒的急救方法

一般的食物中毒，多数是由细菌感染，少数由含有毒物质（有机磷、砷剂、升汞）的食物，以及食物本身的自然毒素（如毒蕈、毒鱼）等引起。发病一般在就餐后数小时，呕吐、腹泻次数频繁。视呕吐、腹泻、腹痛的程度进行适当处理。主要急救方法有：

(1)补充液体，尤其是开水或其他透明的液体；

(2)补充因上吐下泻所流失的电解质，如钾、钠及葡萄糖；

(3)避免制酸剂；

(4)先别止泻，让体内毒素排出之后再向医生咨询；

(5)无须催吐；

(6)饮食要清淡，先食用容易消化的食物，避免容易刺激胃的食品。

需强调的是，呕吐与腹泻是肌体防御功能起作用的一种表现，它可排除一定数量的致病菌释放的肠毒素，故不应立即用止泻药。特别对有高热、毒血症及黏液脓血便的病人应避免使用，以免加重中毒症状。由于呕吐、腹泻造成体液的大量流失，会引起多种并发症状，直接威胁病人的生命安全。这时，应大量饮用清水，可以促进致病病菌及其产生的肠毒素的排除，减轻中毒症状。腹痛程度严重的病人可适量给予解挛剂，如颠茄合剂或颠茄片。如无缓解迹象，甚至出现失水明显，四肢寒冷，腹痛腹泻加重，极度衰竭，面色苍白，大汗，意识模糊，说胡话或抽搐，以致休克，应立即送医院救治，否则会有生命危险。

3.2　应急药品

各单位常备以下药品：654-2 颠茄合剂或颠茄片、庆大霉素、维生素 C、维生素 B_6、葡萄糖液、抗生素。

4　注意事项

在对食物中毒人员进行施救的过程中，统一组织，服从指挥，严格按照操作规程施救；施救人员必须由具有救治能力的人实施；现场应急处置工作结束，应急救援队伍才可撤离现场。

十、车辆伤害现场处置方案

1 交通事故危险性分析

(1)造成交通事故的风险来源

①路面情况:冰雪路面、湿滑路面、乡村路面等原因造成的交通事故;

②气候环境:狂风暴雨、大雾弥漫、酷暑炎热、冰寒严冬等原因造成的交通事故;

③地理环境:连续弯道、狭窄车道等原因造成的交通事故;

④设备因素:未及时检修、保养不达要求、修理质量低劣等原因造成的交通事故;

⑤生理因素:酒后开车、疲劳驾驶、视力欠佳、听力不济、年高迟钝等原因造成的交通事故;

⑥违规运输:超载、超高、超长、装载重心偏离等原因造成的交通事故;

⑦操作因素:超速行驶、弯道超车、占道行驶、麻痹驾驶、判断失误等原因造成的交通事故;

⑧其他因素:除上述因素以外的其他交通事故。

(2)交通事故的影响及后果

给驾驶员及司乘人员造成身体伤害;给家属亲友造成心灵创伤;给社会造成恶劣影响;给单位造成重大损失。

2 应急工作职责

2.1 交通事故应急救援机构

成立交通事故应急救援指挥小组:

组长:×××

副组长:×××

成员:×××

二级单位交通事故应急救援现场应急处置小组:

组长:单位安全第一责任人

副组长:单位分管安全领导

成员:由安全员、各小组组长组成

专项工作机构:

二级单位设立交通事故应急工作组,负责交通事故现场应急处置工作。

2.2　应急小组职责

抢险抢修组接到通知后，迅速集合队伍奔赴现场，根据指挥部下达的指令，迅速控制事故，以防扩大；医疗救护组应储备必需的急救器材和药品，并能随时取用；事故发生后，第一时间做好重伤员抢救并及时护送受伤人员前往医院救治；保卫警戒组迅速奔赴现场，设置禁区，布置岗哨，加强警戒和巡逻检查，严禁无关人员进入事故现场；维持道路交通秩序，引导外来救援力量进入事故发生点，疏散围观群众；执行负责应急指挥部交办的其他任务；通信联络组接到报警后，立即通知各应急小组赶赴现场进行救援，保持通信畅通；在应急指挥部的授权下，向现场各应急小组下达应急处置指令，保证指令下达迅速、准确无误。

3　应急处置

在交通事故的应急处理工作中，必须遵循“快速反应、迅速抢救”的原则，最大限度地降低伤亡和损失。做到正确判断、正确处理，防止事态扩大。充分做好通信、交通、后勤保障工作，确保现场应急处置的顺利实施。

3.1　交通事故发生后报告程序

交通事故发生后，发现人员在确保自身安全和避免事故伤亡人员再次受到伤害的前提下，第一时间使事故伤亡人员脱离危险区域，再对其进行力所能及的救治。

发现人员应立即向单位第一责任人报告，单位第一责任人接到交通事故报告后应立即向大队指挥小组报告。

应急救援指挥小组负责交通事故应急救援的指挥和协调工作；应急救援现场应急处置小组负责按指挥小组的指令开展事故现场应急救援工作，负责各应急小组人员派遣、调度，保证救援人员随时能投入救援工作。

3.2　现场应急处置措施

交通事故发生后，司机必须立即停车，停车后按规定拉起驻车制动，切断电源，开启危险信号灯，如夜间发生事故还需开示宽灯、尾灯。在公路发生事故时还须在车后按规定设置危险警告标志。交通事故发生后发现人员应迅速判断事故原因。在保证自身安全和避免事故扩大造成二次伤害的前提下，第一时间使事故伤亡人员脱离危险源并转移至安全区域。发现人员立即向单位第一责任人办报告。现场人员应立即对交通事故中受伤人员进行救护，若为大队部内部道路交通事故应根据需要拨打 120 医疗急救电话求救，并在医疗救护人员到达现场后协助医务人员实施各项救护措施；若为车辆出车途中发生交通事故应根据需要拨 122 交通事故报警电话求救，并在救助人员到达现场后协助救助人员实施各项救助措施。交通事故车辆司机或事故单位第一责任人应及时向保险公司报案。

人员救护：轻轻拍打伤员肩部，高声喊叫“喂，你怎么啦”；如认识可直接喊其姓名；无反应时立即用手指掐压人中穴、合谷穴约 5 s。以上 3 步动作应在 10 s 以内完成，伤员如有反应后应即停止掐压穴位，拍打肩部不可用力太重；一旦初步确定伤员意识丧失应立即大声呼唤，并迅速拨打120或122急救电话。

放置体位：伤员面部向下应一手托住颈部另一手扶着肩部以脊柱为轴心，使伤员头、颈、躯干平稳地直线转至仰卧在坚实的平面上。四肢平放，将手臂举过头，拉直双腿，并解开上衣，暴露胸部或仅留内衣，气温低时要注意使其保暖。

通畅气道：伤员呼吸微弱或停止时应立即采用仰头举颌法通畅伤员气道，即一手置于前额使头部后仰，另一手的食指与中指置于下颌骨近下巴颏角处抬起下巴颏。严禁用枕头等物垫在伤员头下，手指不要压迫气道，颈部上抬时要控制后仰程度。

判断呼吸：伤员如意识丧失应在畅通气道后10 s内用看、听、试的方法判定伤员呼吸，呼吸停止立即对伤员进行心肺复苏。

3.3 人员自救及救治方法

(1)外伤止血：由于事故可能引起出血，出血量大(达到总血量的40%)就有生命危险。现场抢救时，首先采取紧急止血措施，然后再采取其他措施，常用的止血方法有：指压止血、加压包扎止血、加垫屈肢止血和止血带止血。

(2)包扎：可以起到快速止血、保护伤口、防止污染作用，有利于转送和进一步治疗。常用方法有绷带包扎、三角巾包扎、尼龙网包扎自粘贴包扎。

(3)骨折固定：为了使断骨不再加重，避免加重断骨对周围组织的伤害，减轻伤员的痛苦并便于搬运，常用夹板的方法来固定。搬运时应注意：①下肢骨折需用担架；②脊柱骨折，用门板或硬板担架，使伤者面朝上。由3～4人分别用手托起头、胸、骨盆、腿部，动作一致平放在担架上，用布带将伤员绑在担架上，以防移动。

3.4 事件控制

交通事故发生后接到命令的应急救援小组成员必须在最短的时间内赶赴现场并迅速开展职责内的应急救援工作，控制现场，采取必要措施尽早消除可能再次造成交通事故的危害。

应急救援人员赶赴现场后，如果为大队部内部道路交通事故，应当立即采取措施对现场进行隔离和保护；如果为大队部车辆出车途中交通事故，则应当协助相关公安交通部门采取措施对现场进行隔离和保护，严禁无关人员入内，从而为应急救援工作创造一个安全的救援环境。

当事故有可能出现扩大、恶化苗头时，应当立即报告应急指挥小组请求社会支援。

医疗救护人员到达现场后，现场应急救援人员应协助医务人员实施各项救护措施。

交通事故伤亡人员转至医院后，现场应急救援人员应对事故现场进行清理，恢复正常状况。

现场应急处置小组应及时将事故发生的时间、地点、伤亡人数、原因及采取的措施等情况向指挥小组报告。

4 注意事项

4.1 现场自救和互救的注意事项

(1)应第一时间使伤员脱离事故危险源并转移至安全区域,应在自身安全的前提下对伤员进行力所能及的救治。

(2)现场应急处置能力确认和人员安全防护等事项。

(3)应急部门应安排符合现场应急处置要求的人员进行现场应急救援。

(4)现场应急救援人员应采取措施或协助相关公安、交通部门采取措施对现场进行隔离和保护,严禁无关人员入内。

(5)现场应急救援人员应及时对现场应急处置能力进行确认,必要时请求支援。

4.2 应急救援结束后的注意事项

(1)应采取必要措施尽早消除可能再次造成交通事故的危害。

(2)应做好事故伤员的善后处理工作。

4.3 其他需要特别警示的事项

(1)司机出车前应检查车辆的各部件有没有异常,发现异常,应及时排除。

(2)司机出车前不得喝酒、不得疲劳驾驶。

(3)司机在路况不好的情况下要减速行驶。

(4)司机在能见度低的情况下要减速行驶。

(5)要及时总结事故教训,并进行举一反三的检查,严防类似事故再次发生。

十一、触电现场处置方案

1 事故危险性分析

1.1 事故特征

在施工过程中，可能存在触电等不同类别的工伤事故。事故多发于带电作业的各种机械使用、违章作业等工序中。

1.2 危险源与危险分析

通过危险源辨识和风险评估，在生产经营过程中，存在以下安全风险，可能会导致发生触电事故：

电气设备没有接地或接零保护；

电气设备内部故障；

电源线接头裸露；

作业区域内有高压带电设备；

施工区域内无避雷设施；

作业人员违规操作。

发生事故的条件：

电气设备发生接地短路；

高压线发生坠落；

地下电缆铠甲破损或被压断；

操作个人防护用品不齐全；

作业人员违章操作电气设备；

雷雨天气在树下躲避。

2 应急工作职责

2.1 应急救援机构及小组

成立触电事故应急救援领导小组。

组长：×××

副组长：×××

成员：×××

二级单位触电事故应急救援现场应急处置小组。

组长：单位安全第一责任人

副组长：单位分管安全领导

成员：由安全员、各小组组长组成。

专项工作机构：二级单位设立触电现场应急工作组，负责触电现场应急处置工作。

2.2 各应急小组职责

抢险抢修组接到通知后，迅速集合队伍奔赴现场，根据现场应急处置小组下达的指令，控制事故，以防扩大。到达现场，迅速切断电源，排除现场的易燃易爆物质，转移受伤人员，初步查明事故原因。

消防应急组接到报警后，消防队员佩带好防毒面具，携带抢救伤员的器具赶赴现场，查明有无中毒人员及操作者被困，及时使中毒者和被困者脱离危险区域；现场抢救人员，转移危险物品，开启现场固定消防装置进行灭火；协助抢修人员迅速切断事故源和排除现场的易燃易爆物质；负责现场灭火过程的通讯、联络，视火灾情况及时向应急救援领导小组报告，请求支援。

医疗救护组应储备必需的急救器材和药品，并能随时取用；事故发生后，第一时间做好伤员的救治并及时送医院抢救。

侦检组迅速查明火灾浓烟气体中毒、确定警戒区域，设置警示标志；对有毒有害进行气体防护监护，指导抢修人员正确使用防护用具。

保卫警戒组迅速奔赴现场；设置禁区，布置岗哨，加强警戒和巡逻检查，严禁无关人员进入事故现场；维持道路交通秩序，引导外来救援力量进入事故发生点，严禁无关人员围观，执行负责应急指挥部交办的其他任务。

通信联络组接到报警后，立即通知各应急小组、保证事故处理外线畅通，在应急指挥部的授权下，向现场各应急小组下达应急处置指令，保证迅速、准确无误。

2.3 各部门职责

(1)局办

组织协调现场供水、供气、供电等系统平衡；负责调动大队内部与生产有关的人力、物力、车辆等应急力量和资源开展抢险救援工作；负责完成大队应急指挥小组交办的其他工作。

(2)安全生产科

按照局应急指挥小组要求跟踪了解事件发展动态，及时向局应急指挥小组领导汇报；按照局应急指挥小组指令向地方政府报告和求援；组织做好职工、上访人员思想稳定、政策解释、法律法规宣传等工作，并及时联系有关部门共同做好政策解释说服工作；负责局应急车辆安排。

(3)设备部门

负责特种设备事故的处置，跟踪事件发展动态及处置情况，及时向局应急指挥小组汇报，请示并落实指令；参与制定特种设备事故应急救援方案；负责落实现场停、送电工作。

（4）财务科

负责安排应急救援所需的资金及应急费用的核销工作；参与应急处置有关的保险理赔工作；负责完成局应急指挥小组交办的其他工作。

2.4 局触电应急救援领导小组职责

（1）贯彻落实国家和上级单位有关安全生产事故应急工作的法律法规和要求；接受上级单位和地方政府应急指挥机构的领导，请求社会力量参与全局应急救援。

（2）统一领导二级单位触电事故的应急处置工作。

（3）组织制定二级单位触电事故现场应急处置方案并定期对其进行评估和修订。

（4）发布二级单位触电事故现场应急处置方案的启动命令和终止命令；指挥协调二级单位现触电场处置方案的实施工作。

（5）发布二级单位触电现场应急处置方案的进展与处置情况。

2.5 二级单位触电应急救援现场应急处置小组职责

（1）负责配合安全部门做好急救知识培训及常规急救培训工作；

（2）负责本单位应急救援物资的采购、储备以及管理工作；

（3）负责触电事故现场应急救援，负责事后现场恢复；

（4）组织本单位开展应急预案和现场应急处置方案的演练活动；

（5）对触电事故认真进行分析，吸取教训，按“四不放过”要求进行调查处理。

3 应急处置

发生触电事故后，现场发现人员应立即向四周呼救，并采取紧急措施以防止事故进一步扩大，在可能的情况下应立即切断电源。

对于低压触电事故，可采用下列方法使触电者脱离电源：

如果触电地点附近有电源开关或插销，可立即拉开电源开关或拔下电源插头，以切断电源；可用有绝缘手柄的电工钳、干燥木柄的斧头、干燥木把的铁锹等切断电源线。也可采用干燥木板等绝缘物插入触电者身下，以隔离电源；当电线搭在触电者身上或被压在身下时，也可用干燥的衣服、手套、绳索、木板、木棒等绝缘物为工具，拉开提高或挑开电线，使触电者脱离电源，切不可直接去拉触电者。

对于高压触电事故，可采用下列方法使触电者脱离电源：立即通知有关部门停电；带上绝缘手套，穿上绝缘鞋，用相应电压等级的绝缘工具按顺序断开开关（非专业人员不可从事此项操作）；用高压绝缘杆挑开触电者身上的电线。

触电者如果在高空作业时触电，断开电源时，要防止触电者摔下来造成二次伤害。如果触电者伤势不重，神志清醒，但有些心慌、四肢麻木，全身无力或者触电者曾一度昏迷，但已清醒过来，应使触电者安静休息，不要走动，严密观察并送医院。如故触电者伤势较重，已失去知觉，但心脏跳动和呼吸还存在，应将触电者抬至空气畅通处，解开衣服，让触电者平直仰卧，并用软衣服垫在身下，使其头部比肩稍低，并迅速送往医院。如果触电者伤势较重，呼吸停止或心脏跳动停止或二者都已停止，应立即进行口对口人工呼吸法及胸外心脏按压法进行抢救，并送往医院。在送往医院的途中，不应停止抢救。触电后会出现神经麻痹、呼吸中断、心脏停止跳动、呈现昏迷不醒状态，通常都是假死，万万不可当作“死人”草率从事。对于触电者，特别高空坠落的触电者，要特别注意搬动问题。对于假死的触电者，要迅速持久地进行抢救，有不少的触电者，经过四个小时甚至更长时间的抢救而抢救过来的。有经过6小时的口对口人工呼吸及胸外心脏按压法抢救而活过来的实例。只有经过医生诊断确定死亡，才能停止抢救。

口对口人工呼吸法是在触电者停止呼吸后应用的急救方法：

实行人工呼吸前，应迅速将触电者身上妨碍呼吸的衣领、上衣等解开取出口腔内妨碍呼吸的食物，脱落的断齿、血块、黏液等，以免堵塞呼吸道，使触电者仰卧，并使其头部充分扣仰（可用一只手托住触电者颈后），鼻孔朝上以利呼吸道畅通。

救护人员用手使触电者鼻孔紧闭，深吸一口气后紧贴触电者的口向内吹气，大约2 s。吹气大小，要根据不同的触电人有所区别，每次呼气要使触电者胸部微微鼓起为宜。

吹气后，立即离开触电者的口，并放松触电者的鼻子，使空气呼出，大约3 s。然后再重复吹气动作。吹气要均匀，每分钟吹气呼气12次。触电者已开始恢复自由呼吸后，还应仔细观察呼吸是否会再度停止。如果再度停止，应再继续进行人工呼吸，这时人工呼吸要与触电者微弱的呼吸规律一致；如无法使触电者把口张开时，可改用口对鼻人工呼吸法。捏紧嘴巴紧贴鼻孔吹气。

胸外心脏按压法是触电者心脏停止跳动后的急救方法：

做胸外按压时使触电者仰卧在比较坚实的地方，姿势与口对口人工呼吸法相同，救护者跪在触电者一侧或跪在腰部两侧，两手相叠，手掌根部放在，心窝上方，胸骨下三分之一至二分之一处。掌根用力向下（脊背的方向）按压压出心脏里面的血液。成人应按压3～5 cm，以每秒钟按压一次，太快了效果不好，每分钟按压60次为宜。按压后掌根迅速全部放松，让触电者胸廓自动恢复，血液充满心脏。放松时掌根不必完全离开胸部。

应当指出，心脏跳动和呼吸是无法联系的。心脏停止跳动了，呼吸很快会停止。呼吸停止了，心脏跳动也维持不了多久。一旦呼吸和心脏跳动都停止了，应当同时进行口对口人工呼吸和胸外心脏按压。如果现场只有一人抢救，两种方法交替进行。可以按压4次后，吹气一次，而且吹气和按压的速度都应提高一些，以免降低抢救效果。

4　注意事项

上述使触电者脱离电源的方法，应根据具体情况，以加快为原则，选择采用。在实践中，要注意下列事项：

（1）救护人不可直接用手或其他金属及潮湿的构件作为救护工具，而必须使用适当的绝缘工具。救护人要用一只手操作，以防自己触电。

（2）防止触电者脱离电源后可能的摔伤，特别是当触电者在高处的情况下，应考虑防摔措施。即使触电者在平地，也要注意触电者倒下的方向，注意防摔。

（3）如事故发生在夜间，应迅速解决临时照明，以利于抢救，并避免事故扩大。

十二、高空坠落现场处置方案

1 事故危险性分析

1.1 危险性分析和事件类型

洞口坠落(预留口、通道口、楼梯口、电梯口、阳台口等);脚手架上坠落;悬空高处作业坠落;石棉瓦等轻型屋面坠落;拆除作业中发生的坠落;登高过程中坠落;梯子上作业坠落;屋面作业坠落;其他高处作业坠落(钻塔上、电杆上、设备上、构架上、树上),以及其他各种物体上坠落等。

1.2 高空坠落伤亡事故的危害程度

发生高空坠落后,可能引起人员轻伤、重伤,甚至人身死亡事故。

1.3 安全风险

在高空作业时,下方没有架设安全护网;高处作业人员没有持证上岗;作业人员精神状态不佳、疲劳作业;脚手架未挂警示牌;平台不牢固,有空洞;六级大风露天作业;高出设备检修平台不完善;安全带不定期检查。

2 应急工作职责

2.1 应急组织机构

局成立高空坠落事故应急救援指挥小组。

组长:×××

副组长:×××

成员:×××

二级单位成立高空坠落事故应急救援现场应急处置小组。

组长:单位安全第一责任人

副组长:单位分管安全领导

成员:由安全员、各小组组长组成。

2.2 联系方式

医务急救:120

局应急救援指挥小组联系电话:027-××××××

2.3　各成员职责

高空坠落事故应急救援指挥小组职责：制定、修改和评估我局事故应急救援预案；负责应急救援人员、资源调配、协调（包括社会应急机构）；指挥应急救援行动；及时向地质局、政府主管部门报告事故情况；组织、配合主管部门做好事故调查工作；组织局应急预案的演练。

高空坠落应急救援现场应急处置小组职责：负责配合安全部门做好急救知识培训及常规急救培训工作；负责本单位应急救援物资的采购、储备以及管理工作；负责事故现场应急救援的组织领导；负责事后现场恢复；组织本单位开展应急预案和现场应急处置方案的演练活动；对事故认真进行分析，吸取教训，按“四不放过”要求进行调查处理。

各小组职责：

抢险救援组：负责事故现场抢险救援作业，消除二次事故隐患。

安全警戒组：负责事故现场隔离和保护，禁止无关人员进入；负责事故现场救援道路的畅通。

医疗救护组：组织现场抢救伤员；联系医疗救护车辆并负责指引车辆进入事故现场。

后勤保障组：联系应急救援车辆，购买应急救援物资，为应急救援工作提供物质保障。

3　应急处置

3.1　事件报告

高处坠落伤亡突发事件发生后，现场发现人员应立即向本单位安全生产第一责任人汇报，包括伤亡情况以及现场采取的急救措施情况；高处坠落伤亡事故扩大时，由单位安全生产第一责任人向大队汇报事故信息。如发生重伤、死亡事故，现场应急处置能力不足，应当请求大队申请社会力量如安全监察部门、公安消防等协调事故处理，最迟不超过1小时。

事件报告要求：时间信息完整准确、时间内容描述清晰。

主要报告内容：事件发生时间、事件发生地点、事故性质、先期处理情况等。

3.2　高空坠落受伤人员施救过程

当发生人员轻伤时，现场人员应采取防止受伤人员大量失血、休克、昏迷等急救措施，并将受伤人员脱离危险地段，拨打120医疗急救电话，并向应急救援指挥部报告；救援人员到达现场后，协助医务人员实施各项救护措施；如果受害者处于昏迷状态但心脏未停止，应立即进行口对口人工呼吸，同时进行胸外心脏按压，一般以口对口吹气为最佳。急救者位于伤员一侧，托起伤员下颌，捏住受害者鼻孔，深呼一口气后，往伤员嘴里缓缓吹气，待其胸廓稍有抬起时，放松其鼻孔，并用一手压其胸部以助呼气。反复有节率地（每分钟16～20次）进行，直至恢复呼吸为止。

如受伤者心脏已经停止，应先进行胸外按压。让受害者仰卧，头稍低后仰，急救者位于伤者一侧，面对受伤者，右手掌平放在其胸骨下段，左手放在右手背上，借受伤者身体重量缓缓用力，不能用力太猛，以防骨折，然后放开手腕(手不离开胸骨)使胸骨复原，反复有节率地(每分钟 60～80 次)进行，直到心脏心跳恢复为止。

以上施救过程在救援人员到达现场后结束，工作人员应当配合救援人员进行救治。

3.3 呼吸、心跳情况的判定

受害人员如意识丧失，应在 10 s 内，用听、看、试的方法判定伤员呼吸心跳情况。

看：看伤员的胸部、腹部有无起伏状动作；

听：用耳贴近伤员的口鼻处，听有无呼气声音；

试：试测口鼻有无气流，再用两手指轻试一侧(左或右)喉结凹陷处的颈动脉有无搏动。

若看、听、试结果，既无呼吸又无颈动脉搏动，可判定呼吸停止。

判断有无意识的方法：轻轻拍打伤员肩膀，高声喊叫“喂，能听见吗?”；如认识，可直接喊其姓名；无反应时，立即用手指捏压人中穴、和谷穴约 5 s。

呼吸和心跳均停止时，应立即按心肺复苏法支持生命的三项基本措施，正确地进行就地抢救：通畅气道，口对口(鼻)人工呼吸，胸外心脏按压(人工循环)。

3.4 骨折急救

肢体骨折可以用夹板或木棍、竹竿等将断骨上、下方关节固定，也可利用伤员身体进行固定，避免骨折部位移动，以减少疼痛，防止伤势恶化；开放性骨折，伴有大出血者应先止血，固守，并用干净纱布覆盖伤口，然后速送医院救治，切勿将外露的断骨推回伤口内；疑有颈椎损伤，在使伤员平卧后，用沙土袋(或者其他替代物)旋转状态两侧至颈部固定不动，以免引起瘫痪；腰椎骨折应将伤员平卧在平硬木板上，并将椎躯干及两侧下肢同时进行固定预防瘫痪。搬动时应数人合作，保持平稳，不能扭曲。

抢救过程中的再判定：按压吹气 1 分钟后(相当于单人抢救时做了 4 个 15∶2 压吹循环)，应用看、听、试方法在 5～7 s 时间内完成对伤员呼吸和心跳是否恢复的再判定；若判定颈动脉已有搏动但无呼吸，则暂停胸外心脏按压，而再进行两次口对口人工呼吸，接着每 5 s 吹气 1 次(即每分钟 12 次)。如脉搏和呼吸均未恢复，则继续坚持心肺复苏抢救；在抢救过程中，要每隔数分钟再判定一次，每次判定时间均不得超过 5～7 s。在医护人员未接替抢救之前，现场抢救人员不得放弃现场抢救。

4 注意事项

对于空洞造成的高处坠落，在人员得到安全救治后，应对现场相关区域的平台、空洞进行举一反三的检查，防止再次发生；对于脚手架材料造成的高处坠落，应对同一批次的材料进行检验，不合格的材料统一处理，不准再次使用；进行骨折伤害抢救时，必须注意救治的方法，防止由于救治造成二次伤害。

十三、物体打击现场处置方案

1 事故类型和危害程度分析

1.1 事故类型

本专项预案中的物体打击事故系在生产作业场所内，因各种物体在重力或其他外力的作用下产生运动，打击人体造成人身伤害的事故。

1.2 危害程度分析

作业人员在装卸或搬运物料、操作或检修设备、从事高空作业的过程中，存在各种不安全因素影响，可能受到诸如坠落物、滚动物、倒塌物、飞溅物、击打工具等的打击。物体打击事故发生的范围广、危害因素多；突发性和致害方向立体性强；导致的伤害后果严重。常见的物体打击包括：

(1)高空坠物引发的物体打击

①起重作业时，吊物坠落砸伤人员。

②高处作业时，采用抛掷方式上下传递物件，易砸伤人员。

③高空作业所使用工具、零件等物体从高处掉落伤人。

④高大设备、起重设备的工作部件松脱，从高处掉落砸伤人员。

⑤高处作业下方未设警戒区域，未设专人看护，高空坠物可能伤及进入作业区域内的人员。

(2)存放、装卸、搬运物料引发的物体打击

①存放物料堆置重心不稳、超高或乱放，易掉落砸伤人员。

②斜靠存放的物料超重未采取防滑、防倾倒措施，易滑落或倾翻砸伤人员。

③较重、较长的圆形物料存放超高或未采取防滚落措施，易滚落砸伤人员。

④装卸货物、搬运物料配合不当、站位不当、操作不当或未采取防滑、防倾倒、防滚落措施，易受伤害。

⑤生产场所使用的工装器具乱拿乱放或临边放置，易掉落砸伤人员。

(3)设备、设施引发的物体打击

①金属切削设备设施在运转时机械部件、工装夹具、加工件飞出伤人。

②材料切割设备、磨削设备、冲压设备设施在加工时产生的各种碎屑、碎片等飞溅物对人体造成的伤害。

③用工器具误碰运转设备，用工器具反弹伤人。

④气动、液动等辅助动力设施工作时受损或超限运行，管件运动或飞出伤人。

(4)装配检修作业引发的物体打击

①戴手套使用手锤;锤头、锤柄上有油污;锤头松动;易造成手锤脱手或锤头飞出伤人。

②錾削工件时操作或防护不当,易造成切屑、碎片蹦出伤人。

③装配检修作业时,所拆装的设备零部件稳定结构受破坏,或者蓄能装置未泄压(弹簧、压力容器),易造成零部件跌落、滑落或冲击伤人。

2　应急工作职责

2.1　应急组织机构

成立物体打击事故应急救援指挥小组。

组长:×××

副组长:×××

成员:×××

二级单位成立物体打击事故应急救援现场应急处置小组。

组长:单位安全第一责任人

副组长:单位分管安全领导

成员:由安全员、各小组组长组成。

2.2　联系方式

医务急救:120

局应急救援指挥小组联系电话:×××-×××××××××

2.3　应急救援职责

物体打击事故发生时,由局负责应急救援行动的指挥协调工作,二级单位安全产第一责任人负责现场应急处理。

二级单位安全生产第一责任人负责制定现场应急救援方案,第一时间内抢救受伤人员,消除事故现场事故隐患,负责现场应急救援人员的组织、调配、协调工作。

二级单位项目经理、施工班长、安全员等相关人员应在单位安全生产第一责任人的统一指挥下,履行应急救援职责,协调配合,将事故危害尽可能降低。

3　应急处置

当发生物体打击事故后,抢救的重点放在对休克、胸部骨折和出血上进行处理。

发生物体打击事故后,施工现场人员应立即向单位安全生产第一责任人报告,组织人员马上抢救伤者。首先观察伤者的受伤情况、部位、伤害性质,如伤员发生休克,应先处理休克。遇呼吸、心跳停止者,应立即进行人工呼吸,胸外心脏按压。处于休克状态的伤员要让其安静、保暖、平卧、少动，并将下肢抬高约20度左右，尽快送医院进行抢救治疗。

出现颅脑外伤，必须维持呼吸道通畅。昏迷者应平卧，面部转向一侧，以防舌根下坠或分泌物、呕吐物吸入，发生喉阻塞。有骨折者，应初步固定后再搬运。偶有凹陷骨折、严重的颅底骨折及严重的脑损伤症状出现，创伤处用消毒的纱布或清洁布等覆盖伤口，用绷带或布条包扎后，及时送就近有条件的医院治疗。

发现脊椎受伤者，创伤处用消毒的纱布或清洁布等覆盖伤口，用绷带或布条包扎后。搬运时，将伤者平卧放在帆布担架或硬板上，以免受伤的脊椎移位、断裂造成截瘫，招致死亡。抢救脊椎受伤者，搬运过程，严禁只抬伤者的两肩与两腿或单肩背运。

遇有创伤性出血的伤员，应迅速包扎止血，使伤员保持在头低脚高的卧位，并注意保暖。

正确的现场止血处理措施如下：

一般伤口小的止血法：先用生理盐水（0.9%NaCl溶液）冲洗伤口，涂上红汞水，然后盖上消毒纱布，用绷带，较紧地包扎。

加压包扎止血法：用纱布、棉花等做成软垫，放在伤口上再加包扎，来增强压力而达到止血。

止血带止血法：选择弹性好的橡皮管、橡皮带或三角巾、毛巾、带状布条等，上肢出血结扎在上臂上1/2处（靠近心脏位置），下肢出血结扎在大腿上1/3处（靠近心脏位置）。结扎时，在止血带与皮肤之间垫上消毒纱布棉纱。每隔25～40分钟放松一次，每次放松0.5～1分钟。

在就地抢救的同时，应立即拨打120，向医疗单位求救，并准备好车辆随时运送伤员到就近的医院救治。

拨打电话时要尽量说清楚以下几件事：说明伤情和已经采取了哪些措施，好让救护人员事先做好急救准备；讲清楚伤者在什么地方、什么路几号什么路口，附近有什么样特征；说明报救者单位、姓名和电话。

通完电话后，应派人在现场外等候接应救护车，同时把救护车进工地的路上障碍及时给予清除，以便救护车到达后，能及时进行抢救。

4　注意事项

（1）进入现场抢救时，注意做好个人防护，穿防滑鞋、佩戴安全帽等，在进行伤员救治时宜用一次性消毒医用防护用品。

（2）如伤员出现骨折时，应尽量保持受伤的体位，由医务人员对伤员进行固定，并在其指导下采用正确的方式进行搬运，防止因救助方法不当而导致伤情进一步加重。

（3）在自救或互救时，必须服从统一的指挥，严禁冒险蛮干，避免造成次生事故。

（4）应急救援结束后，做好现场检查，认真分析事故原因，制定防范措施，落实安全生产责任制，防止类似事故发生。

十四、机械伤害现场处置方案

1 事故危险性分析

1.1 类型

在机械使用过程中,易发生撞伤、碰伤、绞伤、夹伤、打击、切削等伤害。

1.2 危害程度

机械伤害事故可能发生的季节四季都会发生,但在夏天发生的频率要高于其他季节,原因是夏季如果人员睡眠不好,出汗较多,精神就容易不集中,反应迟钝,事故容易发生。机械伤害会使人员手指绞伤、皮肤裂伤、断肢、骨折,严重的会使身体被卷入轧伤致死,或者部件、工件飞出,打击致伤,甚至会造成死亡。

1.3 事故征兆及原因

设备存在隐患,经常带病工作,设备发出异常声音;安全防护不健全或形同虚设;修理、检查机械时,未断电检修,电源处未挂警示牌等;违章作业,随便进入危险作业区;不熟悉操作规程,无证上岗,安全意识差等。根据近 3 年的统计,机械伤害的事故占事故总数的 25%。事故的类型有被高温烫伤,脚被压伤,手进入设备被轧伤等。

2 应急工作职责

2.1 机械伤害事故现场应急处置小组

组长:×××
副组长:×××
成员:×××

2.2 工作职责

(1)应急处置小组职责
制定、修改和评估队中事故应急救援预案;
负责队中人员、资源调配(包括外协抢修力量协调);
批准本预案的启动和终止,协调指挥队中各应急队伍和应急行动;
及时向政府主管部门报告事故情况;
组织、配合主管部门做好事故调查工作;

组织队中应急预案的演练；

负责审定突发事件新闻报道，保护事故现场及相关数据；

负责审批队中应急救援费用。

(2)总指挥职责

组织制定、评估队中事故应急救援预案；

全面负责应急资源的调配和应急工作的开展；

批准本预案的启动和终止，指挥队中各应急队伍和应急行动；

负责批准向外通报事故；

组织、配合主管部门做好事故调查工作；

组织队中应急预案的演练；

负责审定突发事件新闻报道，保护事故现场及相关数据；

负责审批队中应急救援费用。

(3)副总指挥职责

当总指挥无法赶赴现场时由副总指挥代理行使总指挥职权；

协助总指挥制定、修改队中事故应急救援预案；

协助总指挥调配人员、资源(包括外协抢修力量协调)；

协助总指挥协调队中各应急队伍和应急行动；

协助总指挥负责应急救援对外的联系；

负责保护事故现场及相关数据，协助事故调查工作；

组织协调队中应急预案的演练工作。

受应急指小组委托向新闻媒体、社会公众、周边企业及相关政府部门等通报事故概况、人员伤亡、经济损失、环境危害、救援进度以及下步计划等信息。

(4)各应急小组职责

抢险抢修组：接到通知后，迅速集合队伍奔赴现场，根据事故情形正确佩戴个人防护用具，切断事故源；根据指挥部下达的抢修指令，迅速抢修设备、管道、控制事故，以防扩大；有针对性地预测设备、管道泄漏部位，并进行封、围、堵等抢修措施。

医疗救护组：熟悉队中危险物质对人体危害的特性及相应的医疗急救措施；储备足量的急救器材和药品，并能随时取用；事故发生后，应迅速做好重伤员及时送医院抢救。

保卫警戒组：根据事故情况设置禁区，布置岗哨，加强警戒和巡逻检查，严禁无关人员进入警戒区；维护道路交通程序，引导外来救援力量进入事故发生点，严禁外来人员围观，执行负责队中应急指挥部交办的其他任务。

后勤保障组：后勤保障组在接到指令后，根据现场实际需要，准备应急救援物资及设备等；负责抢救受伤人员的生活必需品的供应；负责应急救援物质的运输。

通信联络组：通信联络队接到报警后，立即通知各应急小组、保证事故处理外线畅通，应急指挥部处理事故所用电话要迅速、准确无误。迅速通知应急指挥部、各救援队及有关部门，查明事故源部位及原因，采取紧急措施，防止事故扩大，下达按应急预案处置的指令。在应急指挥部的授权下，向现场各应急小组下达应急处置指令。

2.3 应急救援联络电话

第一时间拨打110、119、120,并向上级主管部门、当地政府求援和报告。

3 应急处置

3.1 事故应急处置程序

事故现场人员应立即逐级报告,并同时启动本项目相应级别的应急预案。当事故超出本单位应急处置能力时,应向当地政府有关部门及上级单位请求支援。

3.2 现场应急处置措施

当发生机械伤害事故,第一发现者应立即关闭设备。并在第一时间迅速、准确向当班班长和指挥报警,讲清受伤者和受伤情况,并启动现场应急措施。

当班班长立即检查设备是否真正完全关闭,同时立即联系120和有关急救医院。

现场指挥立即到现场指挥救援,请有关人员把受伤者抬到安全区域,判断现场事故是否有扩大的可能,并向队中应急领导小组汇报。

车间急救员和急救医生立即到现场对伤员紧急处理。

立即对伤者进行包扎、止血、止痛、消毒、固定等临时措施,防止伤情恶化。如有断肢等情况,及时用干净毛巾、手绢、布片包好,放在无裂纹的塑料袋或胶皮袋内,袋口扎紧,在口袋周围放置冰块、雪糕等降温物品,不得在断肢处涂酒精、碘酒及其他消毒液。

遇有创伤性出血的伤员,应迅速包扎止血,使伤员保持在头低脚高的卧位,并注意保暖。

正确的现场止血处理措施如下:

一般伤口小的止血法:先用生理盐水(0.9%NaCl溶液)冲洗伤口,涂上红汞水,然后盖上消毒纱布,用绷带,较紧地包扎。

加压包扎止血法:用纱布、棉花等做成软垫,放在伤口上再加包扎,来增强压力而达到止血。

止血带止血法:选择弹性好的橡皮管、橡皮带或三角巾、毛巾、带状布条等,上肢出血结扎在上臂上1/2处(靠近心脏位置),下肢出血结扎在大腿上1/3处(靠近心脏位置)。结扎时,在止血带与皮肤之间垫上消毒纱布棉纱。每隔25～40分钟放松一次,每次放松0.5～1分钟。

保卫人员立即划定警戒区,疏散无关人员,防止其他事故的发生,保证厂区内通道畅通,特种车辆顺利进出厂区,无关车辆不得进入厂区。

队中应急救援领导小组或社会救援力量到达以后,现场指挥应负责介绍情况和服从他们的安排。

根据伤害事故情况,根据综合预案规定,队中应急救援领导小组在指定的期限内向区安监局等有关政府部门汇报。

4　注意事项

机械外伤一般直接损伤有时并不严重，但由于伤后抢救处理不当，往往会加重损伤，造成不可挽回的严重后果。

重伤员运送应用担架，腹部创伤及脊柱损伤者，应用卧位运送；胸部受伤者一般取卧位；颅脑损伤者一般取仰卧偏头或侧卧位。

抢救失血者，应先进行止血；抢救休克者，应采取保暖措施，防止热损耗。

备齐必要的应急救援物资，如车辆、吊车、担架、氧气袋、止血带、通信设备等。

应保护好事故现场，等待事故调查组进行调查处理。

十五、骨折现场处置方案

1 事故类型和危害程度分析

1.1 事故类型

骨折，一般是由外伤所致，主要有闭合性骨折、开放性骨折、完全性骨折、不完整骨折四种类型。

1.2 危害程度分析

若伤处疼痛剧烈，局部肿胀明显，有严重的皮下瘀血、青紫，出现外观畸形，这时均应考虑有骨折的可能。此外，一般骨折病人多有功能障碍，如手臂骨折后，手的握力差，甚至不敢提东西；下肢骨折后，不能站立或行走；腰部骨折后不能采取坐位。

骨折人员会感到局部疼痛，颈部活动障碍，腰背部肌肉痉挛，不能翻身起立。骨折局部可有局限性后突畸形，由于腹膜后血肿对交感神经刺激，肠蠕动减慢，常出现腹胀、腹痛等症状。

2 应急工作职责

2.1 应急组织机构

成立事故应急现场处置指挥小组，组织人员如下：

组长：车间主任

副组长：车间副主任、车间安全员

成员：车间干部、当班人员

事故发生时，如组长不在，由副组长任组长。

2.2 应急组织职责

(1)组长负责事故发生时的生产指挥工作，采取紧急措施限制事故的扩大，负责组织指挥全班人员进行骨折人员应急救援和现场处置，并对事故发生后所可能造成的事故预想，以及事故发生后的汇报和事故升级扩大的报警。

(2)负责及时、准确地将紧急事故发生的性质、发生的时间、发生的地点向应急指挥小组或应急办公室汇报，并根据指挥部命令果断采取有效措施展开事故处理工作。

(3)加强与集控中心的调度联系，及时、准确汇报现场事故情况，并根据其调度指令严格执行有关操作。

(4)当班人员应根据组长的指挥，进行现场救援所需相关设备的倒闸操作。

(5)全面记录事故发生和事故应急处理经过。

(6)组织现场恢复工作，尽快恢复受影响设备正常运行。

(7)参与事故预案演练和预案的修订工作。

3　应急处置

3.1　应急响应程序

3.1.1　事故报警程序

事故发生后，事故现场有关人员应当立即报告当班班长，班长接到事故报告后，应立即报告生产部当班调度、本单位负责人，由当班调度、单位负责人将事故信息上报公司应急救援指挥部和相关部门，应同时拨打120报警求救。

3.1.2　应急措施启动程序

事故发生后，应迅速将事故信息报告现场处置指挥小组，现场处置指挥小组接到报警后；各成员接到报警后，应立即赶到事故现场，对警情做出判断，确定是否启动现场处置方案。启动现场处置方案后，应急响应程序要及时启动。

3.1.3　应急救护人员引导程序

应急救援队伍赶到事故现场后，应立即对事故现场进行侦查、分析、评估，制定救援方案，各应急人员按照方案有序开展人员救助、工程抢险等有关应急救援工作。

3.1.4　扩大应急程序

事故超出现场处置能力，无法得到有效控制时，经现场应急指挥小组组长同意，立即向公司应急救援指挥部报告，请示启动公司应急救援预案。

3.2　应急处置内容

前臂骨折：用一块从肘关节至手掌长度的木板或用一本16开大小的杂志，放在伤肢外侧，以绷带或布条缠绕固定，注意留出指尖，然后用三角巾把前臂悬吊胸前。

上臂骨折：用长达肩峰至肘尖的衬垫木板或硬纸板放在伤肢外侧，以绷带或布条缠绕固定，注意留出指尖，然后用三角巾把前臂悬吊胸前。

上肢骨折：如无固定器材，可利用躯干固定，将上臂用皮带或布带固定在胸部，并将伤侧衣襟角向外上反折，托起前臂后固定。

锁骨骨折：可用三角巾固定法，先在两腋下垫上大棉垫或布团，然后用两条三角巾的底边分别在两腋窝绕到肩前打结，再在背后将三角巾两个顶角拉紧打结。

肋骨骨折：可用多头带固定，先在骨折处盖上大棉垫或折叠数层的布，然后嘱咐伤员呼气后屏息，将多头带在健侧胸部打结固定。

大腿骨折：用一块相当于从足跟至腋下长度的木板放在伤肢外侧，然后用6～7条布带扎紧固定。

小腿骨折：可用两块由大腿至足跟长的木板，分放于小腿内、外侧，或仅用一块木板放于大腿、小腿外侧，然后用绷带缠绕固定。

胸腰椎骨折：病人不宜站立或坐起，以免引起或加重脊髓损伤，抬动病人时不要让病人的躯干前屈，必须让其仰卧在担架或门板上运送。

颈椎骨折、脱位：患者头仰卧固定在正中位（不垫枕头）。两侧垫卷叠的衣服，防止颈部左右转动。勿要轻易搬动，否则有引起脊髓压迫的危险，发生四肢与躯干的高位截瘫，甚至死亡。

4 注意事项

（1）事故发生时要以抢救伤员为先。

（2）骨折时正确的现场急救和安全转运是减少患者痛苦、防止再损伤或污染的重要措施，其中最要紧的是妥善固定。肢体骨折时，用夹板固定最好，其次可用木棍、木板代替，如无代替物，上肢骨折可绑在胸部，下肢骨折同另侧健肢绑在一起，亦可起到暂时固定的作用。脊柱骨折则应平卧于床板或门板之上，避免屈曲、后伸、旋转。如为开放性骨折，则应用急救包或清洁布类包扎，搬运或运送到医院的过程中要注意保持固定。如骨折合并颅脑损伤及其他重要脏器损伤，要密切注意伤者神智和全身状况的变化，并迅速送往就近医院抢救。

（3）联系医疗单位救治时必须以就近为原则。

（4）如伤者在不易救援的地方，要有可靠的防护措施之后才能接近进行救援，避免救援者发生事故。

（5）如事故发生在夜间，应设置临时照明灯，以便于抢救。

（6）注意保护现场，因抢救伤员和防止事故扩大需要移动现场物件时，应做出标记、拍照，详细记录和绘制事故现场图。

附录一　生产经营单位生产安全事故应急预案编制导则（GB/T 29639—2013）

1　范围

本标准规定了生产经营单位编制生产安全事故应急预案（以下简称应急预案）的编制程序、体系构成和综合应急预案、专项应急预案、现场处置方案以及附件。

本标准适用于生产经营单位的应急预案编制工作，其他社会组织和单位的应急预案编制可参照本标准执行。

2　规范性引用文件

下列文件对于本文件的应用是必不可少的。凡是注日期的引用文件，仅注日期的版本适用于本文件。凡是不注日期的引用文件，其最新版本（包括所有的修改单）适用于本文件。

GB/T 20000.4　标准化工作指南　第4部分：标准中涉及安全的内容

AQ/T 9007　生产安全事故应急演练指南

3　术语和定义

下列术语和定义适用于本文件。

3.1　应急预案 emergency plan

为有效预防和控制可能发生的事故，最大程度减少事故及其造成损害而预先制定的工作方案。

3.2　应急准备 emergency preparedness

针对可能发生的事故，为迅速、科学、有序地开展应急行动而预先进行的思想准备、组织准备和物资准备。

3.3 应急响应 emergency response

针对发生的事故,有关组织或人员采取的应急行动。

3.4 应急救援 emergency rescue

在应急响应过程中,为最大限度地降低事故造成的损失或危害,防止事故扩大,而采取的紧急措施或行动。

3.5 应急演练 emergency exercise

针对可能发生的事故情景,依据应急预案而模拟开展的应急活动。

4 应急预案编制程序

4.1 概述

生产经营单位应急预案编制程序包括成立应急预案编制工作组、资料收集、风险评估、应急能力评估、编制应急预案和应急预案评审 6 个步骤。

4.2 成立应急预案编制工作组

生产经营单位应结合本单位部门职能和分工,成立以单位主要负责人(或分管负责人)为组长,单位相关部门人员参加的应急预案编制工作组,明确工作职责和任务分工,制订工作计划,组织开展应急预案编制工作。

4.3 资料收集

应急预案编制工作组应收集与预案编制工作相关的法律法规、技术标准、应急预案、国内外同行业企业事故资料,同时收集本单位安全生产相关技术资料、周边环境影响、应急资源等有关资料。

4.4 风险评估的主要内容

a)分析生产经营单位存在的危险因素,确定事故危险源;
b)分析可能发生的事故类型及后果,并指出可能产生的次生、衍生事故;
c)评估事故的危害程度和影响范围,提出风险防控措施。

4.5 应急能力评估

在全面调查和客观分析生产经营单位应急队伍、装备、物资等应急资源状况基础上开展应急能力评估,并依据评估结果,完善应急保障措施。

4.6 编制应急预案

依据生产经营单位风险评估以及应急能力评估结果,组织编制应急预案。应急预案编制应注重系统性和可操作性,做到与相关部门和单位应急预案相衔接。应急预案编制格式参见(略)。

4.7 应急预案评审

应急预案编制完成后,生产经营单位应组织评审。评审分为内部评审和外部评审,内部评审由生产经营单位主要负责人组织有关部门和人员进行,外部评审由生产经营单位组织外部有关专家和人员进行。

应急预案评审合格后,由生产经营单位主要负责人(或分管负责人)签发实施,并进行备案管理。

5 应急预案体系

5.1 概述

生产经营单位的应急预案体系主要由综合应急预案、专项应急预案和现场处置方案构成。生产经营单位应根据本单位组织管理体系、生产规模、危险源的性质以及可能发生的事故类型确定应急预案体系,并可根据本单位的实际情况,确定是否编制专项应急预案。风险因素单一的小微型生产经营单位可只编写现场处置方案。

5.2 综合应急预案

综合应急预案是生产经营单位应急预案体系的总纲,主要从总体上阐述事故的应急工作原则,包括生产经营单位的应急组织机构及职责、应急预案体系、事故风险描述、预警及信息报告、应急响应、保障措施、应急预案管理等内容。

5.3 专项应急预案

专项应急预案是生产经营单位为应对某一类型或某几种类型事故,或者针对重要生产设施、重大危险源、重大活动等内容而定制的应急预案。专项应急预案主要包括事故风险分析、应急指挥机构及职责、处置程序和措施等内容。

5.4 现场处置方案

现场处置方案是生产经营单位根据不同事故类型,针对具体的场所、装置或设施所制定的应急处置措施,主要包括事故风险分析、应急工作职责、应急处置和注意事项等内容。生产经营单位应根据风险评估、岗位操作规程以及危险性控制措施,组织本单位现场作业人员及安全管理等专业人员共同编制现场处置方案。

6 综合应急预案的主要内容

6.1 总则

6.1.1 编制目的

简述应急预案编制的目的。

6.1.2 编制依据

简述应急预案编制所依据的法律、法规、规章、标准和规范性文件以及相关应急预案等。

6.1.3 适用范围

说明应急预案适用的工作范围和事故类型、级别。

6.1.4 应急预案体系

说明生产经营单位应急预案体系的构成情况，可用框图形式表述。

6.1.5 应急预案工作原则

说明生产经营单位应急工作的原则，内容应简明扼要、明确具体。

6.2 事故风险描述

简述生产经营单位存在或可能发生的事故风险种类、发生的可能性以及严重程度及影响范围等。

6.3 应急组织机构及职责

明确生产经营单位的应急组织形式及组成单位或人员，可用结构图的形式表示，明确构成部门的职责。应急组织机构根据事故类型和应急工作需要，可设置相应的应急工作小组，并明确各小组的工作任务及职责。

6.4 预警及信息报告

6.4.1 预警

根据生产经营单位检测监控系统数据变化状况、事故险情紧急程度和发展势态或有关部门提供的预警信息进行预警，明确预警的条件、方式、方法和信息发布的程序。

6.4.2 信息报告

信息报告程序主要包括：

①信息接收与通报：明确24小时应急值守电话、事故信息接收、通报程序和责任人。

②信息上报：明确事故发生后向上级主管部门、上级单位报告事故信息的流程、内容、时限和责任人。

③信息传递：明确事故发生后向本单位以外的有关部门或单位通报事故信息的方法、程序和责任人。

6.5　应急响应

6.5.1　响应分级

针对事故危害程度、影响范围和生产经营单位控制事态的能力，对事故应急响应进行分级，明确分级响应的基本原则。

6.5.2　响应程序

根据事故级别的发展态势，描述应急指挥机构启动、应急资源调配、应急救援、扩大应急等响应程序。

6.5.3　处置措施

针对可能发生的事故风险、事故危害程度和影响范围，制定相应的应急处置措施，明确处置原则和具体要求。

6.5.4　应急结束

明确现场应急响应结束的基本条件和要求。

6.6　信息公开

明确向有关新闻媒体、社会公众通报事故信息的部门、负责人和程序以及通报原则。

6.7　后期处置

主要明确污染物处理、生产秩序恢复、医疗救治、人员安置、善后赔偿、应急救援评估等内容。

6.8　保障措施

6.8.1　通信与信息保障

明确可为生产经营单位提供应急保障的相关单位及人员通信联系方式和方法，并提供备用方案。同时，建立信息通信系统及维护方案，确保应急期间信息通畅。

6.8.2　应急队伍保障

明确应急响应的人力资源，包括应急专家、专业应急队伍、兼职应急队伍等。

6.8.3　物资装备保障

明确生产经营单位的应急物资和装备的类型、数量、性能、存放位置、运输及使用条件、管理责任人及其联系方式等内容。

6.8.4　其他保障

根据应急工作需求而确定的其他相关保障措施（如：经费保障、交通运输保障、治安保障、技术保障、医疗保障、后勤保障等）。

6.9　应急预案管理

6.9.1　应急预案培训

明确对生产经营单位人员开展的应急预案培训计划、方式和要求，使有关人员了解相关应急预案内容，熟悉应急职责、应急程序和现场处置方案。如果应急预案涉及社区和居民，要做好宣传教育和告知等工作。

6.9.2 应急预案演练

明确生产经营单位不同类型应急预案演练的形式、范围、频次、内容以及演练评估、总结等要求。

6.9.3 应急预案修订

明确应急预案修订的基本要求，并定期进行评审，实现可持续改进。

6.9.4 应急预案备案

明确应急预案的报备部门，并进行备案。

6.9.5 应急预案实施

明确应急预案实施的具体时间、负责制定与解释的部门。

7 专项应急预案主要内容

7.1 事故风险分析

针对可能发生的事故风险，分析事故发生的可能性以及严重程度、影响范围等。

7.2 应急指挥机构及职责

根据事故类型，明确应急指挥机构总指挥、副总指挥以及各成员单位或人员的具体职责。应急指挥机构可以设置相应的应急救援工作小组，明确各小组的工作任务及主要负责人职责。

7.3 处置程序

明确事故及事故险情信息报告程序和内容、报告方式和责任等内容。根据事故响应级别，具体描述事故接警报告和记录、应急指挥机构启动、应急指挥、资源调配、应急救援、扩大应急等应急响应程序。

7.4 处置措施

针对可能发生的事故风险、事故危害程度和影响范围，制定相应的应急处置措施，明确处置原则和具体要求。

8 现场处置方案主要内容

8.1 事故风险分析

主要包括以下内容：

(1)事故类型；

(2)事故发生的区域、地点或装置的名称；

(3)事故发生的可能时间、事故的危害严重程度及其影响范围；
(4)事故前可能出现的征兆；
(5)事故可能引发的次生、衍生事故。

8.2　应急工作职责

根据现场工作岗位、组织形式及人员构成，明确各岗位人员的应急工作分工和职责。

8.3　应急处置

主要包括以下内容：
(1)事故应急处置程序。分局可能发生的事故及现场情况，明确事故报警、各项应急措施启动、应急救护人员的引导、事故扩大及同生产经营单位应急预案的衔接的程序。
(2)现场应急处置措施。针对可能发生的火灾、爆炸、危险化学品泄漏、坍塌、水患、机动车辆伤害等，从人员救护、工艺操作、事故控制，消防、现场恢复等方面制定明确的应急处置措施。
(3)明确报警负责人以及报警电话及上级管理部门、相关应急救援单位联络方式和联系人员，事故报告基本要求和内容。

8.4　注意事项

主要包括：
(1)佩戴个人防护器具方面的注意事项；
(2)使用抢险救援器材方面的注意事项；
(3)采取救援对策或措施方面的注意事项；
(4)现场自救和互救注意事项；
(5)现场应急处置能力确认和人员安全防护等事项；
(6)应急救援结束后的注意事项；
(7)其他需要特别警示的事项。

9　附件

9.1　有关应急部门、机构或人员的联系方式

列出应急工作中需要联系的部门、机构或人员的多种联系方式，当发生变化时及时进行更新。

9.2　应急物资装备的名录或清单

列出应急预案涉及的主要物资和装备名称、型号、性能、数量、存放地点、运输和使用条件、管理责任人和联系电话等。

9.3 规范化格式文本

应急信息接报、处理、上报等规范化格式文本。

9.4 关键的路线、标识和图纸

主要包括：

(1)警报系统分布及覆盖范围；

(2)重要防护目标、危险源一览表、分布图；

(3)应急指挥部位置及救援队伍行动路线；

(4)疏散路线、警戒范围、重要地点等的标识；

(5)相关平面布置图纸、救援力量的分布图纸等。

9.5 有关协议或备忘录

列出与相关应急救援部门签订的应急救援协议或备忘录。

附录二　生产安全事故应急预案管理办法

第一章　总　则

第一条　为规范生产安全事故应急预案管理工作，迅速有效处置生产安全事故，依据《中华人民共和国突发事件应对法》、《中华人民共和国安全生产法》等法律和《突发事件应急预案管理办法》(国办发〔2013〕101号)，制定本办法。

第二条　生产安全事故应急预案(以下简称应急预案)的编制、评审、公布、备案、宣传、教育、培训、演练、评估、修订及监督管理工作，适用本办法。

第三条　应急预案的管理实行属地为主、分级负责、分类指导、综合协调、动态管理的原则。

第四条　国家安全生产监督管理总局负责全国应急预案的综合协调管理工作。

县级以上地方各级安全生产监督管理部门负责本行政区域内应急预案的综合协调管理工作。县级以上地方各级其他负有安全生产监督管理职责的部门按照各自的职责负责有关行业、领域应急预案的管理工作。

第五条　生产经营单位主要负责人负责组织编制和实施本单位的应急预案，并对应急预案的真实性和实用性负责；各分管负责人应当按照职责分工落实应急预案规定的职责。

第六条　生产经营单位应急预案分为综合应急预案、专项应急预案和现场处置方案。

综合应急预案，是指生产经营单位为应对各种生产安全事故而制定的综合性工作方案，是本单位应对生产安全事故的总体工作程序、措施和应急预案体系的总纲。

专项应急预案，是指生产经营单位为应对某一种或者多种类型生产安全事故，或者针对重要生产设施、重大危险源、重大活动防止生产安全事故而制定的专项性工作方案。

现场处置方案，是指生产经营单位根据不同生产安全事故类型，针对具体场所、装置或者设施所制定的应急处置措施。

第二章　应急预案的编制

第七条　应急预案的编制应当遵循以人为本、依法依规、符合实际、注重实效的原则，以应急处置为核心，明确应急职责、规范应急程序、细化保障措施。

第八条 应急预案的编制应当符合下列基本要求：

（一）有关法律、法规、规章和标准的规定；

（二）本地区、本部门、本单位的安全生产实际情况；

（三）本地区、本部门、本单位的危险性分析情况；

（四）应急组织和人员的职责分工明确，并有具体的落实措施；

（五）有明确、具体的应急程序和处置措施，并与其应急能力相适应；

（六）有明确的应急保障措施，满足本地区、本部门、本单位的应急工作需要；

（七）应急预案基本要素齐全、完整，应急预案附件提供的信息准确；

（八）应急预案内容与相关应急预案相互衔接。

第九条 编制应急预案应当成立编制工作小组，由本单位有关负责人任组长，吸收与应急预案有关的职能部门和单位的人员，以及有现场处置经验的人员参加。

第十条 编制应急预案前，编制单位应当进行事故风险评估和应急资源调查。

事故风险评估，是指针对不同事故种类及特点，识别存在的危险危害因素，分析事故可能产生的直接后果以及次生、衍生后果，评估各种后果的危害程度和影响范围，提出防范和控制事故风险措施的过程。

应急资源调查，是指全面调查本地区、本单位第一时间可以调用的应急资源状况和合作区域内可以请求援助的应急资源状况，并结合事故风险评估结论制定应急措施的过程。

第十一条 地方各级安全生产监督管理部门应当根据法律、法规、规章和同级人民政府以及上一级安全生产监督管理部门的应急预案，结合工作实际，组织编制相应的部门应急预案。

部门应急预案应当根据本地区、本部门的实际情况，明确信息报告、响应分级、指挥权移交、警戒疏散等内容。

第十二条 生产经营单位应当根据有关法律、法规、规章和相关标准，结合本单位组织管理体系、生产规模和可能发生的事故特点，确立本单位的应急预案体系，编制相应的应急预案，并体现自救互救和先期处置等特点。

第十三条 生产经营单位风险种类多、可能发生多种类型事故的，应当组织编制综合应急预案。

综合应急预案应当规定应急组织机构及其职责、应急预案体系、事故风险描述、预警及信息报告、应急响应、保障措施、应急预案管理等内容。

第十四条 对于某一种或者多种类型的事故风险，生产经营单位可以编制相应的专项应急预案，或将专项应急预案并入综合应急预案。

专项应急预案应当规定应急指挥机构与职责、处置程序和措施等内容。

第十五条 对于危险性较大的场所、装置或者设施，生产经营单位应当编制现场处置方案。

现场处置方案应当规定应急工作职责、应急处置措施和注意事项等内容。

事故风险单一、危险性小的生产经营单位，可以只编制现场处置方案。

第十六条 生产经营单位应急预案应当包括向上级应急管理机构报告的内容、应急组织机构和人员的联系方式、应急物资储备清单等附件信息。附件信息发生变化时，应当及时更新，确保准确有效。

第十七条 生产经营单位组织应急预案编制过程中，应当根据法律、法规、规章的规定或者实际需要，征求相关应急救援队伍、公民、法人或其他组织的意见。

第十八条 生产经营单位编制的各类应急预案之间应当相互衔接，并与相关人民政府及其部门、应急救援队伍和涉及的其他单位的应急预案相衔接。

第十九条 生产经营单位应当在编制应急预案的基础上，针对工作场所、岗位的特点，编制简明、实用、有效的应急处置卡。

应急处置卡应当规定重点岗位、人员的应急处置程序和措施，以及相关联络人员和联系方式，便于从业人员携带。

第三章 应急预案的评审、公布和备案

第二十条 地方各级安全生产监督管理部门应当组织有关专家对本部门编制的部门应急预案进行审定；必要时，可以召开听证会，听取社会有关方面的意见。

第二十一条 矿山、金属冶炼、建筑施工企业和易燃易爆物品、危险化学品的生产、经营（带储存设施的，下同）、储存企业，以及使用危险化学品达到国家规定数量的化工企业、烟花爆竹生产、批发经营企业和中型规模以上的其他生产经营单位，应当对本单位编制的应急预案进行评审，并形成书面评审纪要。

前款规定以外的其他生产经营单位应当对本单位编制的应急预案进行论证。

第二十二条 参加应急预案评审的人员应当包括有关安全生产及应急管理方面的专家。

评审人员与所评审应急预案的生产经营单位有利害关系的，应当回避。

第二十三条 应急预案的评审或者论证应当注重基本要素的完整性、组织体系的合理性、应急处置程序和措施的针对性、应急保障措施的可行性、应急预案的衔接性等内容。

第二十四条 生产经营单位的应急预案经评审或者论证后，由本单位主要负责人签署公布，并及时发放到本单位有关部门、岗位和相关应急救援队伍。

事故风险可能影响周边其他单位、人员的，生产经营单位应当将有关事故风险的性质、影响范围和应急防范措施告知周边的其他单位和人员。

第二十五条 地方各级安全生产监督管理部门的应急预案，应当报同级人民政府备案，并抄送上一级安全生产监督管理部门。

其他负有安全生产监督管理职责的部门的应急预案，应当抄送同级安全生产监督管理部门。

第二十六条 生产经营单位应当在应急预案公布之日起 20 个工作日内，按照分级属地原则，向安全生产监督管理部门和有关部门进行告知性备案。

中央企业总部（上市公司）的应急预案，报国务院主管的负有安全生产监督管理职责的部门备案，并抄送国家安全生产监督管理总局；其所属单位的应急预案报所在地的省、自治区、直辖市或者设区的市级人民政府主管的负有安全生产监督管理职责的部门备案，

并抄送同级安全生产监督管理部门。

前款规定以外的非煤矿山、金属冶炼和危险化学品生产、经营、储存企业，以及使用危险化学品达到国家规定数量的化工企业、烟花爆竹生产、批发经营企业的应急预案，按照隶属关系报所在地县级以上地方人民政府安全生产监督管理部门备案；其他生产经营单位应急预案的备案，由省、自治区、直辖市人民政府负有安全生产监督管理职责的部门确定。

油气输送管道运营单位的应急预案，除按照本条第一款、第二款的规定备案外，还应当抄送所跨行政区域的县级安全生产监督管理部门。

煤矿企业的应急预案除按照本条第一款、第二款的规定备案外，还应当抄送所在地的煤矿安全监察机构。

第二十七条 生产经营单位申报应急预案备案，应当提交下列材料：

（一）应急预案备案申报表；

（二）应急预案评审或者论证意见；

（三）应急预案文本及电子文档；

（四）风险评估结果和应急资源调查清单。

第二十八条 受理备案登记的负有安全生产监督管理职责的部门应当在 5 个工作日内对应急预案材料进行核对，材料齐全的，应当予以备案并出具应急预案备案登记表；材料不齐全的，不予备案并一次性告知需要补齐的材料。逾期不予备案又不说明理由的，视为已经备案。

对于实行安全生产许可的生产经营单位，已经进行应急预案备案的，在申请安全生产许可证时，可以不提供相应的应急预案，仅提供应急预案备案登记表。

第二十九条 各级安全生产监督管理部门应当建立应急预案备案登记建档制度，指导、督促生产经营单位做好应急预案的备案登记工作。

第四章 应急预案的实施

第三十条 各级安全生产监督管理部门、各类生产经营单位应当采取多种形式开展应急预案的宣传教育，普及生产安全事故避险、自救和互救知识，提高从业人员和社会公众的安全意识与应急处置技能。

第三十一条 各级安全生产监督管理部门应当将本部门应急预案的培训纳入安全生产培训工作计划，并组织实施本行政区域内重点生产经营单位的应急预案培训工作。

生产经营单位应当组织开展本单位的应急预案、应急知识、自救互救和避险逃生技能的培训活动，使有关人员了解应急预案内容，熟悉应急职责、应急处置程序和措施。

应急培训的时间、地点、内容、师资、参加人员和考核结果等情况应当如实记入本单位的安全生产教育和培训档案。

第三十二条 各级安全生产监督管理部门应当定期组织应急预案演练，提高本部门、本地区生产安全事故应急处置能力。

第三十三条　生产经营单位应当制定本单位的应急预案演练计划，根据本单位的事故风险特点，每年至少组织一次综合应急预案演练或者专项应急预案演练，每半年至少组织一次现场处置方案演练。

第三十四条　应急预案演练结束后，应急预案演练组织单位应当对应急预案演练效果进行评估，撰写应急预案演练评估报告，分析存在的问题，并对应急预案提出修订意见。

第三十五条　应急预案编制单位应当建立应急预案定期评估制度，对预案内容的针对性和实用性进行分析，并对应急预案是否需要修订作出结论。

矿山、金属冶炼、建筑施工企业和易燃易爆物品、危险化学品等危险物品的生产、经营、储存企业、使用危险化学品达到国家规定数量的化工企业、烟花爆竹生产、批发经营企业和中型规模以上的其他生产经营单位，应当每三年进行一次应急预案评估。

应急预案评估可以邀请相关专业机构或者有关专家、有实际应急救援工作经验的人员参加，必要时可以委托安全生产技术服务机构实施。

第三十六条　有下列情形之一的，应急预案应当及时修订并归档：

（一）依据的法律、法规、规章、标准及上位预案中的有关规定发生重大变化的；

（二）应急指挥机构及其职责发生调整的；

（三）面临的事故风险发生重大变化的；

（四）重要应急资源发生重大变化的；

（五）预案中的其他重要信息发生变化的；

（六）在应急演练和事故应急救援中发现问题需要修订的；

（七）编制单位认为应当修订的其他情况。

第三十七条　应急预案修订涉及组织指挥体系与职责、应急处置程序、主要处置措施、应急响应分级等内容变更的，修订工作应当参照本办法规定的应急预案编制程序进行，并按照有关应急预案报备程序重新备案。

第三十八条　生产经营单位应当按照应急预案的规定，落实应急指挥体系、应急救援队伍、应急物资及装备，建立应急物资、装备配备及其使用档案，并对应急物资、装备进行定期检测和维护，使其处于适用状态。

第三十九条　生产经营单位发生事故时，应当第一时间启动应急响应，组织有关力量进行救援，并按照规定将事故信息及应急响应启动情况报告安全生产监督管理部门和其他负有安全生产监督管理职责的部门。

第四十条　生产安全事故应急处置和应急救援结束后，事故发生单位应当对应急预案实施情况进行总结评估。

第五章　监督管理

第四十一条　各级安全生产监督管理部门和煤矿安全监察机构应当将生产经营单位应急预案工作纳入年度监督检查计划，明确检查的重点内容和标准，并严格按照计划开展执法检查。

第四十二条 地方各级安全生产监督管理部门应当每年对应急预案的监督管理工作情况进行总结，并报上一级安全生产监督管理部门。

第四十三条 对于在应急预案管理工作中做出显著成绩的单位和人员，安全生产监督管理部门、生产经营单位可以给予表彰和奖励。

第六章 法律责任

第四十四条 生产经营单位有下列情形之一的，由县级以上安全生产监督管理部门依照《中华人民共和国安全生产法》第九十四条的规定，责令限期改正，可以处5万元以下罚款；逾期未改正的，责令停产停业整顿，并处5万元以上10万元以下罚款，对直接负责的主管人员和其他直接责任人员处1万元以上2万元以下的罚款：

（一）未按照规定编制应急预案的；

（二）未按照规定定期组织应急预案演练的。

第四十五条 生产经营单位有下列情形之一的，由县级以上安全生产监督管理部门责令限期改正，可以处1万元以上3万元以下罚款：

（一）在应急预案编制前未按照规定开展风险评估和应急资源调查的；

（二）未按照规定开展应急预案评审或者论证的；

（三）未按照规定进行应急预案备案的；

（四）事故风险可能影响周边单位、人员的，未将事故风险的性质、影响范围和应急防范措施告知周边单位和人员的；

（五）未按照规定开展应急预案评估的；

（六）未按照规定进行应急预案修订并重新备案的；

（七）未落实应急预案规定的应急物资及装备的。

第七章 附 则

第四十六条 《生产经营单位生产安全事故应急预案备案申报表》和《生产经营单位生产安全事故应急预案备案登记表》由国家安全生产应急救援指挥中心统一制定。

第四十七条 各省、自治区、直辖市安全生产监督管理部门可以依据本办法的规定，结合本地区实际制定实施细则。

第四十八条 本办法自2016年7月1日起施行。

附录三　生产经营单位生产安全事故应急预案评审指南

为了贯彻实施《生产安全事故应急预案管理办法》(国家安全监管总局令第17号),指导生产经营单位做好生产安全事故应急预案(以下简称应急预案)评审工作,提高应急预案的科学性、针对性和实效性,依据《生产经营单位安全生产事故应急预案编制导则》(以下简称《导则》),编制本指南。

一、评审方法

应急预案评审采取形式评审和要素评审两种方法。形式评审主要用于应急预案备案时的评审,要素评审用于生产经营单位组织的应急预案评审工作。应急预案评审采用符合、基本符合、不符合三种意见进行判定。对于基本符合和不符合的项目,应给出具体修改意见或建议。

(一)形式评审。依据《导则》和有关行业规范,对应急预案的层次结构、内容格式、语言文字、附件项目以及编制程序等内容进行审查,重点审查应急预案的规范性和编制程序。应急预案形式评审的具体内容及要求,见附件1。

(二)要素评审。依据国家有关法律法规、《导则》和有关行业规范,从合法性、完整性、针对性、实用性、科学性、操作性和衔接性等方面对应急预案进行评审。为细化评审,采用列表方式分别对应急预案的要素进行评审。评审时,将应急预案的要素内容与评审表中所列要素的内容进行对照,判断是否符合有关要求,指出存在问题及不足。应急预案要素分为关键要素和一般要素。应急预案要素评审的具体内容及要求,见附件2、附件3、附件4、附件5。

关键要素是指应急预案构成要素中必须规范的内容。这些要素涉及生产经营单位日常应急管理及应急救援的关键环节,具体包括危险源辨识与风险分析、组织机构及职责、信息报告与处置和应急响应程序与处置技术等要素。关键要素必须符合生产经营单位实际和有关规定要求。

一般要素是指应急预案构成要素中可简写或省略的内容。这些要素不涉及生产经营单位日常应急管理及应急救援的关键环节,具体包括应急预案中的编制目的、编制依据、适用范围、工作原则、单位概况等要素。

二、评审程序

应急预案编制完成后，生产经营单位应在广泛征求意见的基础上，对应急预案进行评审。

（一）评审准备。成立应急预案评审工作组，落实参加评审的单位或人员，将应急预案及有关资料在评审前送达参加评审的单位或人员。

（二）组织评审。评审工作应由生产经营单位主要负责人或主管安全生产工作的负责人主持，参加应急预案评审人员应符合《生产安全事故应急预案管理办法》要求。生产经营规模小、人员少的单位，可以采取演练的方式对应急预案进行论证，必要时应邀请相关主管部门或安全管理人员参加。应急预案评审工作组讨论并提出会议评审意见。

（三）修订完善。生产经营单位应认真分析研究评审意见，按照评审意见对应急预案进行修订和完善。评审意见要求重新组织评审的，生产经营单位应组织有关部门对应急预案重新进行评审。

（四）批准印发。生产经营单位的应急预案经评审或论证，符合要求的，由生产经营单位主要负责人签发。

三、评审要点

应急预案评审应坚持实事求是的工作原则，结合生产经营单位工作实际，按照《导则》和有关行业规范，从以下七个方面进行评审。

（一）合法性。符合有关法律、法规、规章和标准，以及有关部门和上级单位规范性文件要求。

（二）完整性。具备《导则》所规定的各项要素。

（三）针对性。紧密结合本单位危险源辨识与风险分析。

（四）实用性。切合本单位工作实际，与生产安全事故应急处置能力相适应。

（五）科学性。组织体系、信息报送和处置方案等内容科学合理。

（六）操作性。应急响应程序和保障措施等内容切实可行。

（七）衔接性。综合、专项应急预案和现场处置方案形成体系，并与相关部门或单位应急预案相互衔接。

有关部门应急预案的评审工作可参照本指南。

附件：1. 应急预案形式评审表

2. 综合应急预案要素评审表

3. 专项应急预案要素评审表

4. 现场处置方案要素评审表

5. 应急预案附件要素评审表

附件1　应急预案形式评审表

评审项目	评审内容及要求	评审意见
封　面	应急预案版本号、应急预案名称、生产经营单位名称、发布日期等内容	
批准页	1. 对应急预案实施提出具体要求。 2. 发布单位主要负责人签字或单位盖章	
目　录	1. 页码标注准确（预案简单时目录可省略）。 2. 层次清晰，编号和标题编排合理	
正　文	1. 文字通顺、语言精练、通俗易懂。 2. 结构层次清晰，内容格式规范。 3. 图表、文字清楚，编排合理（名称、顺序、大小等）。 4. 无错别字，同类文字的字体、字号统一	
附　件	1. 附件项目齐全，编排有序合理。 2. 多个附件应标明附件的对应序号。 3. 需要时，附件可以独立装订	
编制过程	1. 成立应急预案编制工作组。 2. 全面分析本单位危险因素，确定可能发生的事故类型及危害程度。 3. 针对危险源和事故危害程度，制定相应的防范措施。 4. 客观评价本单位应急能力，掌握可利用的社会应急资源情况。 5. 制定相关专项预案和现场处置方案，建立应急预案体系。 6. 充分征求相关部门和单位意见，并对意见及采纳情况进行记录。 7. 必要时与相关专业应急救援单位签订应急救援协议。 8. 应急预案经过评审或论证。 9. 重新修订后评审的，一并注明	

附件2 综合应急预案要素评审表

评审项目		评审内容及要求	评审意见
总则	编制目的	目的明确,简明扼要	
	编制依据	1. 引用的法规标准合法有效。 2. 明确相衔接的上级预案,不得越级引用应急预案	
	应急预案体系*	1. 能够清晰表述本单位及所属单位应急预案组成和衔接关系(推荐使用图表)。 2. 能够覆盖本单位及所属单位可能发生的事故类型	
	应急工作原则	1. 符合国家有关规定和要求。 2. 结合本单位应急工作实际	
适用范围*		范围明确,适用的事故类型和响应级别合理	
危险性分析	生产经营单位概况	1. 明确有关设施、装置、设备以及重要目标场所的布局等情况。 2. 需要各方应急力量(包括外部应急力量)事先熟悉的有关基本情况和内容	
	危险源辨识与风险分析*	1. 能够客观分析本单位存在的危险源及危险程度。 2. 能够客观分析可能引发事故的诱因、影响范围及后果	
组织机构及职责*	应急组织体系	1. 能够清晰描述本单位的应急组织体系(推荐使用图表)。 2. 明确应急组织成员日常及应急状态下的工作职责	
	指挥机构及职责	1. 清晰表述本单位应急指挥体系。 2. 应急指挥部门职责明确。 3. 各应急救援小组设置合理,应急工作明确	
预防与预警	危险源管理	1. 明确技术性预防和管理措施。 2. 明确相应的应急处置措施	
	预警行动	1. 明确预警信息发布的方式、内容和流程。 2. 预警级别与采取的预警措施科学合理	
	信息报告与处置*	1. 明确本单位24小时应急值守电话。 2. 明确本单位内部信息报告的方式、要求与处置流程。 3. 明确事故信息上报的部门、通信方式和内容时限。 4. 明确向事故相关单位通告、报警的方式和内容。 5. 明确向有关单位发出请求支援的方式和内容。 6. 明确与外界新闻舆论信息沟通的责任人以及具体方式	
应急响应	响应分级*	1. 分级清晰,且与上级应急预案响应分级衔接。 2. 能够体现事故紧急和危害程度。 3. 明确紧急情况下应急响应决策的原则	
	响应程序*	1. 立足于控制事态发展,减少事故损失。 2. 明确救援过程中各专项应急功能的实施程序。 3. 明确扩大应急的基本条件及原则。 4. 能够辅以图表直观表述应急响应程序	

续表

评审项目		评审内容及要求	评审意见
应急响应	应急结束	1. 明确应急救援行动结束的条件和相关后续事宜。 2. 明确发布应急终止命令的组织机构和程序。 3. 明确事故应急救援结束后负责工作总结部门	
后期处置		1. 明确事故发生后，污染物处理、生产恢复、善后赔偿等内容。 2. 明确应急处置能力评估及应急预案的修订等要求	
保障措施 *		1. 明确相关单位或人员的通信方式，确保应急期间信息通畅。 2. 明确应急装备、设施和器材及其存放位置清单，以及保证其有效性的措施。 3. 明确各类应急资源，包括专业应急救援队伍、兼职应急队伍的组织机构以及联系方式。 4. 明确应急工作经费保障方案	
培训与演练 *		1. 明确本单位开展应急管理培训的计划和方式方法。 2. 如果应急预案涉及周边社区和居民，应明确相应的应急宣传教育工作。 3. 明确应急演练的方式、频次、范围、内容、组织、评估、总结等内容	
附则	应急预案备案	1. 明确本预案应报备的有关部门（上级主管部门及地方政府有关部门）和有关抄送单位。 2. 符合国家关于预案备案的相关要求	
	制定与修订	1. 明确负责制定与解释应急预案的部门。 2. 明确应急预案修订的具体条件和时限	

注："*"代表应急预案的关键要素

附件3 专项应急预案要素评审表

评审项目		评审内容及要求	评审意见
事故类型和危险程度分析*		1. 能够客观分析本单位存在的危险源及危险程度。 2. 能够客观分析可能引发事故的诱因、影响范围及后果。 3. 能够提出相应的事故预防和应急措施	
组织机构及职责*	应急组织体系	1. 能够清晰描述本单位的应急组织体系(推荐使用图表)。 2. 明确应急组织成员日常及应急状态下的工作职责	
	指挥机构及职责	1. 清晰表述本单位应急指挥体系。 2. 应急指挥部门职责明确。 3. 各应急救援小组设置合理,应急工作明确	
预防与预警	危险源监控	1. 明确危险源的监测监控方式、方法。 2. 明确技术性预防和管理措施。 3. 明确采取的应急处置措施	
	预警行动	1. 明确预警信息发布的方式及流程。 2. 预警级别与采取的预警措施科学合理	
信息报告程序*		1. 明确24小时应急值守电话。 2. 明确本单位内部信息报告的方式、要求与处置流程。 3. 明确事故信息上报的部门、通信方式和内容时限。 4. 明确向事故相关单位通告、报警的方式和内容。 5. 明确向有关单位发出请求支援的方式和内容	
应急响应*	响应分级	1. 分级清晰合理,且与上级应急预案响应分级衔接。 2. 能够体现事故紧急和危害程度。 3. 明确紧急情况下应急响应决策的原则	
	响应程序	1. 明确具体的应急响应程序和保障措施。 2. 明确救援过程中各专项应急功能的实施程序。 3. 明确扩大应急的基本条件及原则。 4. 能够辅以图表直观表述应急响应程序	
	处置措施	1. 针对事故种类制定相应的应急处置措施。 2. 符合实际,科学合理。 3. 程序清晰,简单易行	
应急物资与装备保障*		1. 明确对应急救援所需的物资和装备的要求。 2. 应急物资与装备保障符合单位实际,满足应急要求	

注:“*”代表应急预案的关键要素。如果专项应急预案作为综合应急预案的附件,综合应急预案已经明确的要素,专项应急预案可省略

附件4　现场处置方案要素评审表

评审项目	评审内容及要求	评审意见
事故特征*	1. 明确可能发生事故的类型和危险程度,清晰描述作业现场风险。 2. 明确事故判断的基本征兆及条件	
应急组织及职责*	1. 明确现场应急组织形式及人员。 2. 应急职责与工作职责紧密结合	
应急处置*	1. 明确第一发现者进行事故初步判定的要点及报警时的必要信息。 2. 明确报警、应急措施启动、应急救护人员引导、扩大应急等程序。 3. 针对操作程序、工艺流程、现场处置、事故控制和人员救护等方面制定应急处置措施。 4. 明确报警方式、报告单位、基本内容和有关要求	
注意事项	1. 佩戴个人防护器具方面的注意事项。 2. 使用抢险救援器材方面的注意事项。 3. 有关救援措施实施方面的注意事项。 4. 现场自救与互救方面的注意事项。 5. 现场应急处置能力确认方面的注意事项。 6. 应急救援结束后续处置方面的注意事项。 7. 其他需要特别警示方面的注意事项	

注:"*"代表应急预案的关键要素。现场处置方案落实到岗位每个人,可以只保留应急处置

附件5 应急预案附件要素评审表

评审项目	评审内容及要求	评审意见
有关部门、机构或人员的联系方式	1. 列出应急工作需要联系的部门、机构或人员至少两种以上联系方式，并保证准确有效。 2. 列出所有参与应急指挥、协调人员姓名、所在部门、职务和联系电话，并保证准确有效	
重要物资装备名录或清单	1. 以表格形式列出应急装备、设施和器材清单，清单应当包括种类、名称、数量以及存放位置、规格、性能、用途和用法等信息。 2. 定期检查和维护应急装备，保证准确有效	
规范化格式文本	给出信息接报、处理、上报等规范化格式文本，要求规范、清晰、简洁	
关键的路线、标识和图纸	1. 警报系统分布及覆盖范围。 2. 重要防护目标一览表、分布图。 3. 应急救援指挥位置及救援队伍行动路线。 4. 疏散路线、重要地点等标识。 5. 相关平面布置图纸、救援力量分布图等	
相关应急预案名录、协议或备忘录	列出与本应急预案相关的或相衔接的应急预案名称，以及与相关应急救援部门签订的应急支援协议或备忘录	
注：附件根据应急工作需要而设置，部分项目可省略